编写委员会

主　编　郭艳青　李洪亮　林泽文
副主编　宋　捷　黄　锐
委　员　张文星　林圳旭　张　毅
　　　　宋　超

本书出版得到广东省"冲补强"材料科学与工程重点学科建设经费支持

材料制备与测试综合实验

CAILIAO ZHIBEI YU CESHI ZONGHE SHIYAN

郭艳青　李洪亮　林泽文 ◎ 主编

暨南大学出版社
JINAN UNIVERSITY PRESS

中国·广州

图书在版编目（CIP）数据

材料制备与测试综合实验/郭艳青，李洪亮，林泽文主编. —广州：暨南大学出版社，2021.5（2023.2 重印）
ISBN 978 - 7 - 5668 - 3136 - 1

Ⅰ.①材… Ⅱ.①郭… ②李… ③林… Ⅲ.①材料制备—试验—高等学校—教材 Ⅳ.①TB3 - 33

中国版本图书馆 CIP 数据核字（2021）第 071096 号

材料制备与测试综合实验
CAILIAO ZHIBEI YU CESHI ZONGHE SHIYAN
主 编：**郭艳青 李洪亮 林泽文**

···

出 版 人：张晋升
策划编辑：黄文科
责任编辑：李倬吟
责任校对：黄 球 王燕丽
责任印制：周一丹 郑玉婷

出版发行：暨南大学出版社（511443）
电 话：总编室（8620）37332601
　　　　营销部（8620）37332680 37332681 37332682 37332683
传 真：（8620）37332660（办公室） 37332684（营销部）
网 址：http://www.jnupress.com
排 版：广州尚文数码科技有限公司
印 刷：广州方迪数字印刷有限公司
开 本：787mm×960mm 1/16
印 张：8
字 数：110 千
版 次：2021 年 5 月第 1 版
印 次：2023 年 2 月第 2 次
定 价：32.80 元

前　言

2016 年，韩山师范学院设立材料科学与工程学院，始设两个新工科专业——材料科学与工程专业和无机非金属材料工程专业。根据学校定位和材料科学与工程专业人才培养目标，材料科学与工程专业设置了"材料制备与测试综合实验"专业必修课程，旨在使学生掌握专业实验知识和操作技能，培养和提高学生的专业综合实验、实践与应用能力。然而，"材料制备与测试综合实验"课程开设五个学期以来，我们一直未寻得与该课程相契合的教材资料，因此，在学校和学院对专业课程建设的大力支持下，九位任课教师合作编写了本教材。结合该课程三年来的教学经验和成果，我们对"材料制备与测试综合实验"课程的自编教学讲义进行汇编，根据科研前沿和企业生产实践列举了一些材料制备与测试的实例、文献以及科研成果。本教材满足材料科学与工程专业的实验课程教学基本要求，可作为相关专业实验课程的试用教材和教学参考书。

鉴于本教材涉及多个正在快速发展的学科领域，以及编者的学识、水平有限，书中难免存在不当之处，恳请读者批评、指正，以便我们今后进行更正和完善。

编　者

2021 年 2 月

目 录

实验一 衬底清洗实验

一、实验目的

(1) 了解 RCA 清洗衬底的工艺方法。

(2) 掌握单晶硅衬底清洗的方法。

二、实验原理

本实验的清洗衬底方法是根据 RCA 清洗方法改变而来的，RCA 标准清洗法是 1965 年由 Kern 和 Puotinen 等人在 N. J. Princeton 的 RCA 实验室首创的，并由此得名。

标准的 RCA 清洗工艺一般包含四个步骤，大致如下：

第一步，使用的试剂为 SPM (Surfuric/Peroxide Mix 的简称) 试剂，SPM 试剂又称 SC-3 (Standard Clean-3 的简称) 试剂。SC-3 试剂由 H_2SO_4、H_2O_2、H_2O 组成 (其中 H_2SO_4 与 H_2O_2 的体积比为 $1:3$)。用 SC-3 试剂在 100℃~130℃温度下对硅片进行清洗是去除有机物的典型工艺。

第二步，使用的试剂为 APM (Ammonia/Peroxide Mix 的简称) 试剂，APM 试剂又称 SC-1 (Standard Clean-1 的简称) 试剂。SC-1 试剂由 NH_4OH、H_2O_2、H_2O 组成，三者的比例为 $1:1:5$ 到 $1:2:7$，清洗时的温

度为65℃~80℃。SC-1试剂清洗的主要作用是碱性氧化，去除硅片上的颗粒，并可氧化及去除表面少量的有机物和Au、Ag、Cu、Ni、Cd、Zn、Ca、Cr等金属原子污染。

第三步，通常称为DHF工艺，采用氢氟酸（HF）或稀氢氟酸（DHF）清洗，HF与H_2O的体积比为1：（2~10），处理温度为20℃~25℃。利用氢氟酸能够溶解二氧化硅的特性，把在上步清洗过程中生成在硅片表面的氧化层去除，同时将吸附在氧化层上的微粒及金属去除。去除氧化层的同时，还有硅氢键在硅晶圆表面形成而使硅表面呈疏水性的作用（氢氟酸原液的浓度为49%）。

第四步，使用的试剂为HPM（Hydrochloric/Peroxide Mix的简称）试剂，HPM试剂又称SC-2（Standard Clean-2的简称）试剂。SC-2试剂由HCl、H_2O_2、H_2O组成，三者的比例为1：1：6到1：2：8，清洗时的温度为65℃~80℃。它的主要作用是酸性氧化，能溶解多种不被氨络合的金属离子以及不溶解于氨水但可溶解于盐酸中的$Al(OH)_3$、$Fe(OH)_3$、$Mg(OH)_2$和$Zn(OH)_2$等物质，所以对Al^{3+}、Fe^{3+}、Mg^{2+}、Zn^{2+}等离子的去除有较好的效果。

标准的RCA清洗过程较为复杂，用到的H_2SO_4和HF也具有一定的危险性，因此可以根据实际需要简化一些步骤。由于目前购买的单晶硅片都是在无尘环境中生产的，出厂前也会进行较好的保护，因此其在生产过程中所受到的污染较少，可以只使用SC-1试剂和SC-2试剂清洗，并且将清洗液煮沸一定的时间，利用高温和沸腾时产生的气泡增强清洗的效果。

三、实验步骤

本实验采用的溶液配比如表1-1所示。

表 1 - 1　清洗溶液配比表

溶液名称	配比
一号碱性清洗液（SC - 1 试剂）	$NH_4OH : H_2O_2 : H_2O = 1 : 2 : 5$
二号酸性清洗液（SC - 2 试剂）	$HCl : H_2O_2 : H_2O = 1 : 2 : 6$

清洗过程如下：

（1）先将切割好的单晶硅衬底放入定制的聚四氟乙烯清洗花篮的孔洞中（花篮的孔洞要根据硅片切割的大小来定制），再将花篮放到定制的石英烧杯中（如图 1 - 1 所示）。清洗时，务必使清洗液完全没过硅片及花篮。

图 1 - 1　聚四氟乙烯花篮及石英烧杯

（2）先用去离子水清洗，烧杯中装入去离子水没过硅片和花篮，捏住花篮中轴，一边左右旋转晃动，一边上下提放，旋转几次后，小心地提出花篮，确认没有衬底掉出花篮后，倒掉清洗液，如此重复 3 ~ 5 次，冲洗掉切割硅片时可能残留的碎屑或粉末。

（3）按照表 1 - 1 的比例配制一号碱性清洗液，根据烧杯的大小（直径为 12cm）及硅片的高度，可取每一份的量为 50mL。配液时按照量多的液体先配、量少的液体后配的顺序配制试剂。

（4）将烧杯放在电炉上煮沸，沸腾 5min，关闭电炉，待自然冷却 5min 后，小心地提出花篮及硅片，倒掉清洗液（要将清洗液倒入专门的废液回收桶中），再按第 2 个步骤，用去离子水清洗 5~6 遍。

（5）按表 1-1 的比例配制二号酸性清洗液，同样取每一份的量为 50mL，然后按第 4 个步骤的方法煮沸、清洗，再用去离子水清洗 10 遍左右。

（6）用带透气孔的盖子盖好烧杯和花篮，将烧杯放入烘箱烘干，备用。

四、问题与思考

（1）在用去离子水进行清洗的过程中，如何避免样品从花篮中掉出？

（2）先用碱性液后用酸性液清洗的作用是什么？

实验二 化学气相沉积技术镀膜实验

一、实验目的

（1）了解化学气相沉积制备石墨烯薄膜的基本原理。

（2）了解化学气相沉积方法制备石墨烯薄膜材料的基本流程及注意事项。

（3）对实验数据进行合理正确的分析。

二、实验原理

1. 化学气相沉积生长系统

本实验所用的化学气相沉积生长系统是合肥科晶材料技术有限公司生产的 GSL – 1700X – Ⅲ型三温区管式炉，由生长设备、真空设备、气体流量控制系统三个部分组成，设备简图如图 2 – 1 所示，实物如图 2 – 2 所示。

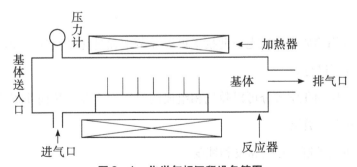

图 2 – 1 化学气相沉积设备简图

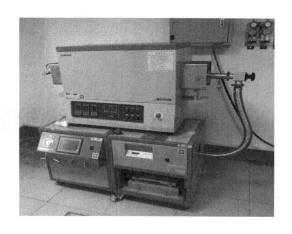

图2-2　GSL-1700X-Ⅲ型三温区管式炉

化学气相沉积（Chemical Vapor Deposition，简称CVD）是反应物质在气态条件下发生化学反应，生成固态物质沉积在加热的固态基体表面，进而制得固体材料的工艺技术。它本质上属于原子范畴的气态传质过程。

化学气相沉积法是一种制备材料的气相生长方法，它是把一种或几种含有构成薄膜元素的化合物、单质气体通入放置了基体的反应室，借助空间气相化学反应在基体表面上沉积固态薄膜的工艺技术。

2. 化学气相沉积法的特点

（1）在中温或高温下，通过气态的初始化合物之间的气相化学反应而形成固体物质沉积在基体上。

（2）可以在常压或者真空条件（负压）下进行沉积，通常真空沉积膜层质量较好。

（3）采用等离子和激光辅助技术可以显著地促进化学反应，使沉积可在较低的温度下进行。

（4）涂层的化学成分可以随气相组成的改变而变化，从而获得梯度沉积物或者得到混合镀层。

（5）可以控制涂层的密度和纯度。

（6）绕镀性好；可在复杂形状的基体及颗粒材料上镀膜；适合涂覆各种复杂形状的工件。由于它的绕镀性能好，因此可涂覆带有槽、沟、孔（甚至是盲孔）的工件。

（7）沉积层通常具有柱状晶体结构，不耐弯曲，但可通过各种技术对化学反应进行气相扰动，以改善其结构。

（8）可以通过各种反应形成多种金属、合金、陶瓷和化合物涂层。

3. 化学气相沉积法制备薄膜

化学气相沉积法是通过气相或者在基板表面上的化学反应，在基板上形成薄膜。用化学气相沉积法可以制备各种薄膜材料，选用适合的 CVD 装置、采用各种反应形式、选择适当的制备条件，可以得到具有各种性质的薄膜材料。一般来说，化学气相沉积法更适用于半导体薄膜材料的制备。用化学气相沉积法制备薄膜材料时，为了合成出优质的薄膜材料，必须控制好反应气体的组成、工作气压、基板温度、气体流量及原料气体的纯度等。

三、实验步骤

1. 实验前的准备工作

（1）用金刚石刀切割合适大小的铜衬底，用丙酮、乙醇、去离子水依次将其清洗后吹干待用。

（2）用酒精擦拭石英管内部腔体。

2. 生长过程

（1）用细铁丝将装有铜衬底的石英舟缓慢推入石英管内部，并安装好法兰。

（2）检查装置的气路连接，包括气瓶出气口与管道连接处、管道与气流计连接处、石英管进气口端的法兰连接处、石英管出气口端的法兰连接处等。

（3）机械泵预抽 20min，打开氮气阀，调整流量为 200sccm，调节氮气阀，使反应环境达到真空，保持压强为1 000Pa，然后关闭氮气阀。

（4）打开甲烷气瓶总阀，再打开减压阀，通过流量控制系统调整流量为50sccm。

（5）设置好控温程序，开始加热升温。

（6）当温度达到1 000℃时，开始保温，保温时间为30min，甲烷分子在高温的作用下，可以分解为碳原子和氢原子，而碳原子通过在基底上吸附与迁移的过程之后沉积在衬底表面，形成石墨烯薄膜。

（7）反应结束后，关闭甲烷气瓶总阀，打开氮气阀继续通氮气，温度随炉冷却。

（8）温度下降到室温，关闭气体后打开法兰，并取出样品，做好标注，进行下一步研究。

（9）注意密封保存样品，避免样品被污染以至影响实验结果和数据测量。

（10）进行拉曼光谱测试，对实验结果进行分析。

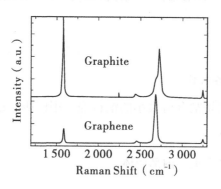

图2-3　石墨与石墨烯的拉曼光谱图

四、问题与思考

（1）用CVD生长材料时，如何控制石英管内的压力？

（2）用CVD生长石墨烯材料时，石墨烯薄膜的质量主要受哪些因素的影响？

实验三　等离子体增强化学气相沉积技术镀膜实验

一、实验目的

（1）了解等离子体增强化学气相沉积的原理和基本结构。

（2）熟悉等离子体增强化学气相沉积设备的操作流程，掌握实验记录方法。

（3）掌握等离子体增强化学气相沉积设备的基本操作方法。

（4）合作使用等离子体增强化学气相沉积设备制备薄膜样品，并给出可靠、有效的实验记录。

二、实验原理与设备

1. 等离子体增强化学气相沉积原理

等离子体增强化学气相沉积（Plasma Enhanced Chemical Vapor Deposition，简称 PECVD）是借助微波或射频等使含有薄膜组成原子的气体电离，发生辉光放电，在局部形成等离子体，而等离子体化学活性很强，很容易发生反应，在基片上沉积出所期望的薄膜。为使化学反应在较低的温度下进行，则利用等离子体的活性来促进反应，因此这种 CVD 被称为 PECVD。

等离子体增强化学气相沉积的主要优点是沉积温度低、沉积速率高、对基体的结构和物理性质影响小；膜的厚度及成分均匀性好、组织致密、针孔少、不易龟裂、膜层的附着力强；技术应用范围广，可制备各种金属膜、无机膜和有机膜。

2. PECVD 设备的基本结构

本实验室配置的是自行设计、由沈阳新蓝天真空技术有限公司生产的 PECVD 350 型平行板电容射频等离子体增强化学气相沉积系统，该设备结构示意图如图 3 – 1 所示，实物如图 3 – 2 所示。其主要包括反应腔、进气系统（气路、气流计）、抽气系统（机械泵、罗茨泵、分子泵）、射频源（射频功率为 40.68 MHz）、加热系统、控制系统等，如图 3 – 3 所示。

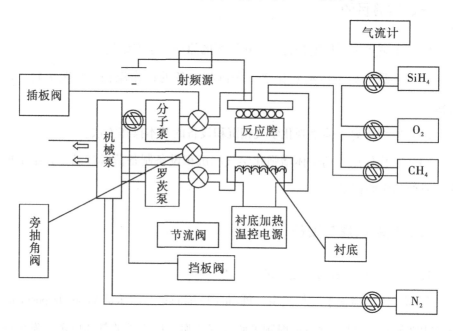

图 3 – 1　PECVD 设备结构示意图

图 3-2　PECVD 设备

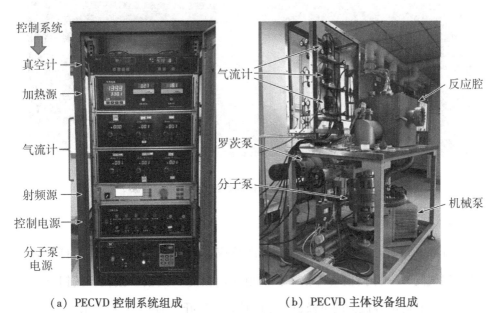

（a）PECVD 控制系统组成　　　　　（b）PECVD 主体设备组成

图 3-3　PECVD 设备组成

三、实验步骤

1. 实验前的系统检查

（1）检查所有阀门是否处于关闭状态。

（2）检查所有水路是否开通和水压是否正常。

（3）检查控制柜面板上所有电源是否处于关闭状态。

（4）检查电源接地线及整机接地线是否稳妥可靠。

（5）打开总电源开关，检查三相指示灯是否全亮，若有一灯不亮，说明有一相未通，应排除故障。

2. 打开总电源，打开冷却水

打开控制电源面板（如图3-4所示）上的总电源开关；缓慢开大冷却水的水龙头开关，至水压报警停止。

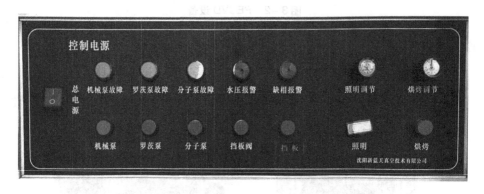

图3-4　PECVD设备控制系统的控制电源面板

3. 放置衬底

开腔（即打开反应腔的泄气阀，向反应腔内泄入空气，至腔门打开后，关闭泄气阀）→开挡板（即按下控制电源面板的"挡板"按钮，按钮灯亮，表示反应腔内电容极板的下极板上方的挡板已打开，如图3-4所示）→放置衬底（即打开反应腔门，将已经过前期清洗并烘干处理的衬底放置在电容极板的下极板的上表面。可预先调节下极板至合适位置，放置好衬底后，再通过调节下极板的位置，使电容极板的上、下极板之间的距离达到实验要求值）→关闭挡板（即按下控制电源面板的"挡板"按钮，按钮灯灭）→关闭反应腔门。

4. 生长前的准备

（1）抽反应腔和气路的本底真空：启动机械泵（即按下控制电源面板上的"机械泵"按钮，按钮灯亮，如图3-4所示）→开大抽气口（即将连接反应腔与机械泵的旁抽角阀开至最大）→打开真空计（即打开真空计控制面板上的真空计开关，如图3-5所示）并根据真空计液晶屏读数观察反应腔的压强→反应腔的压强达到要求值后，开通气路（例如，若实验要用到甲烷气体，则旋开设备中 CH_4 气流计两边的角阀，再将气流计控制面板上的 CH_4 气流计开关拨至"On"位置，并将流量旋钮调大，如图3-6所示）→反应腔和气路的压强达到实验所需的本底真空度后，关闭气路。

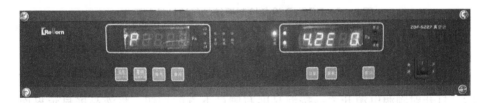

图3-5　PECVD 设备控制系统的真空计控制面板

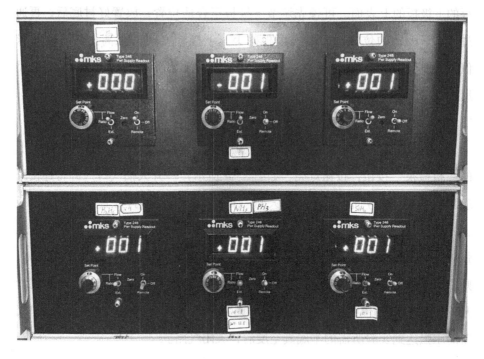

图 3 - 6　PECVD 设备控制系统的气流计控制面板

若仅使用机械泵无法达到实验所需的真空度，可开启罗茨泵和分子泵。

（2）打开射频源预热：此步骤均在射频源控制面板上操作，如图 3 - 7 所示。打开射频源电源开关→按液晶屏右侧最下方的按钮，将液晶屏显示界面调至 W_{real} 界面。

图 3 - 7　PECVD 设备控制系统的射频源控制面板

（3）设定衬底加热温度，加热：此步骤均在加热源控制面板上操作，如图 3−8 所示。按控温仪面板上的"▼""▲"键，将衬底加热温度值（即控温仪屏幕显示的 SV 值）调至设定值→按控温仪面板上的"ENT"键确定→按"加热启动"按钮，按钮灯亮，开始给衬底加热。

图 3−8　PECVD 设备控制系统的加热源控制面板

5. 生长

（1）通入反应气体，调节气体流量：待衬底温度达到设定值后（即图 3−8 中控温仪屏幕显示的 PV 值稳定到 SV 值后），根据实验要求和反应气体特点，打开气瓶、气路，依次向反应腔内通入反应气体（若为易燃、易爆、有毒、有害的危险气体，必须先向机械泵内通入氮气），调节反应气体流量至设定值。

以通入 20sccm 的 CH_4 气体为例：待衬底温度达到设定值→打开氮气瓶，将氮气流量调大至合适值→打开 CH_4 气瓶（将 CH_4 气瓶的减压阀调至合适值）→将 CH_4 气路的节流阀调至合适值，打开 CH_4 气路的截止阀→打开设备中 CH_4 气流计两边的角阀→将气流计控制面板上的 CH_4 气流计开关拨至"On"位置，并通过调节 CH_4 流量旋钮将 CH_4 流量调至 20sccm（如图 3−6 所示）。

（2）调节反应压强：通过调节反应腔的抽气口大小（即调节连接反应腔与机械泵的旁抽角阀大小），调节反应腔的压强（观察真空计控制面板上显示的压强读数，如图 3 - 5 所示）至实验设定的压强值。

（3）启辉，调节功率至设定值，开始计时生长：此步骤均在射频源控制面板上操作，如图 3 - 7 所示。按下射频功率的"On"键→快速旋动射频功率调节旋钮，使射频功率快速增大→启辉（观察反应腔，发生辉光放电现象）后，立即调节射频功率（即液晶屏显示的 W_{real} 的值）至设定值→打开挡板，同时用秒表计时，开始生长。

（4）生长结束：生长计时结束时，关闭挡板，熄辉（按下射频源控制面板上射频功率的"Off"键，然后快速旋动射频功率调节旋钮，使射频功率快速降为 0，如图 3 - 7 所示）→停止加热（即按下加热源控制面板上的"加热启动"按钮，按钮灯灭，如图 3 - 8 所示）→关闭气路的节流阀，关闭气瓶→10min 后，关闭射频源。

6. 生长后的处理

（1）抽尾气：根据实验要求和反应气体的特点，将气路和反应腔中剩余的反应气体依次抽走。可将反应腔的抽气口开至最大，通过调节流量旋钮适当调大气体流量，以加快抽尾气的速度；至真空度达到 3Pa 左右（气体气流计流量读数降为 0），关闭气路（以关闭 CH_4 气路为例：关闭 CH_4 气路的截止阀→关闭设备中 CH_4 气流计两边的角阀→将气流计控制面板上的 CH_4 气流计开关拨至"Off"位置，并将 CH_4 流量旋钮调至最小，如图 3 - 6 所示）。

（2）停止抽气泵：关闭反应腔的抽气口（即关闭连接反应腔与机械泵的旁抽角阀），然后停止抽气泵（即按下控制电源面板上的"机械泵"按钮，按钮灯灭，如图 3 - 4 所示）。

（3）关闭冷却水、总电源，关闭氮气：关闭冷却水的水龙头开关，关闭控制电源面板的总电源开关（如图 3 - 4 所示），关闭氮气（即关闭氮气瓶，将氮气流量调至 0）。

7. 检查

检查水、电、气（包括气路、气瓶）是否全部关闭。

四、问题与思考

（1）试述 PECVD 制备方法与 CVD 制备方法的异同。

（2）PECVD 制备薄膜过程中，哪些因素对启辉有影响？

（3）PECVD 制备薄膜过程中，主要有哪些生长参数？在实验过程中，这些参数是如何调节和设置的？

实验四　磁控溅射技术镀膜实验

一、实验目的

（1）了解磁控溅射镀膜的工作原理。

（2）了解简单磁控溅射镀膜设备的安装过程。

（3）掌握磁控溅射镀膜设备的操作使用方法。

二、实验原理

磁控溅射是 20 世纪 70 年代在阴极溅射的基础上加以改进而发展起来的一种新型溅射镀膜方法。它克服了阴极溅射速率低、基片升温高的致命弱点，并获得了迅速的发展和广泛的应用。磁控溅射具有高速、基片低温和沉积膜损伤低等优点。

磁控溅射的工作原理如图 4－1 所示，电子 e 在电场 E 的作用下，在飞向基板的过程中与 Ar 原子发生碰撞，使其电离出 Ar^+ 和一个新的电子 e，电子飞向基片，Ar^+ 在电场的作用下加速飞向阴极靶，并以高能能量轰击靶表面使靶材发生溅射，在溅射粒子中，中性的靶原子或分子则由于不显电性而直接沉积在基片上形成薄膜。二次电子 e 一旦离开了靶面，就会同时受到电场和磁场的作用，产生 E（电场）$\times B$（磁场）所指的方向漂移，简称 $E \times B$ 漂移，其运动轨迹近似一条摆线。若为环形磁场，则电子以近似摆线的形式在靶表面做圆周运动，它们的运动路径不仅很长，还被束缚在靠近靶表面的等离子体区域内，并且在该区域中电离出大量的 Ar 来轰击靶材，从而实现了较高的沉积速率。随着碰撞次数的增加，二次电子 e 的能量消耗殆尽，逐渐远离靶表面，并在电场 E 的作用下最终沉积在基片上。由于该电子的能量很低，传递给基片的能量很小，致使基片温升较低。

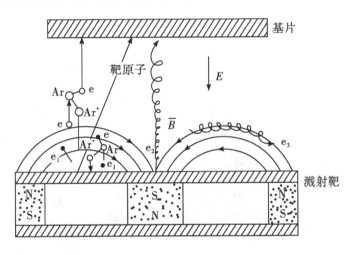

图 4－1 磁控溅射工作原理示意图

综上所述，磁控溅射是入射粒子和靶的碰撞过程。入射粒子在靶中经历复杂的散射过程，与靶原子碰撞，把部分动量传给靶原子，此靶原子又与其他靶原子碰撞，形成级联过程。在这种级联过程中，某些表面附近的靶原子获得向外运动的足够动量离开靶，被溅射出来。

磁控溅射是以磁场来改变电子的运动方向，并束缚和延长电子的运动轨迹，从而提高电子对工作气体的电离概率和有效利用电子的能量。因此，正离子对靶材轰击所引起的靶材溅射更加有效。同时，受正交电磁场束缚的电子又只能在其能量要耗尽时才沉积在基片上，所以磁控溅射具有低温、高速这两大特点。

三、实验仪器

本实验采用合肥科晶材料技术有限公司生产的 VTC – 16 – D 型等离子磁控溅射镀膜仪制备金属薄膜，其设备主要由溅射真空石英腔室、磁控溅射靶、基片台、工作气路、抽气系统、靶头支撑架、真空测量及电控系统等部分组成，主体结构如图 4 – 2 所示。

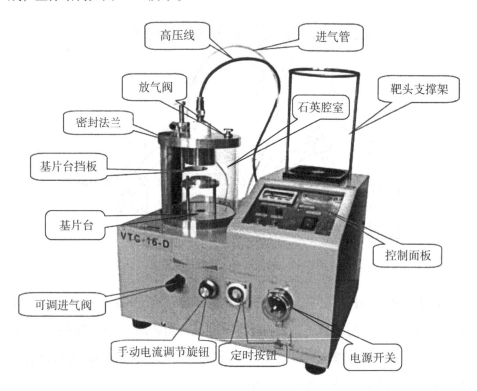

图 4 – 2　VTC – 16 – D 型等离子磁控溅射镀膜仪

四、实验步骤

1. 实验设备安装

（1）连接真空泵。

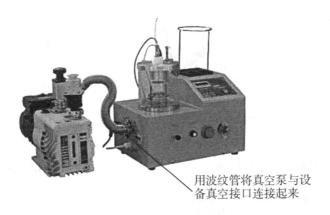

用波纹管将真空泵与设
备真空接口连接起来

图 4 - 3　连接真空泵

（2）连接气瓶。

用聚四氟管将进气口与气瓶连接起来

图 4 - 4　连接气瓶

（3）接入总机电源、真空泵电源，打开控制线路空气开关。

（4）安装靶。

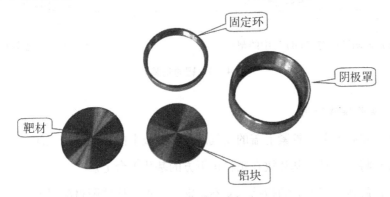

固定环

阴极罩

靶材

铝块

图 4 - 5　靶的组成部分

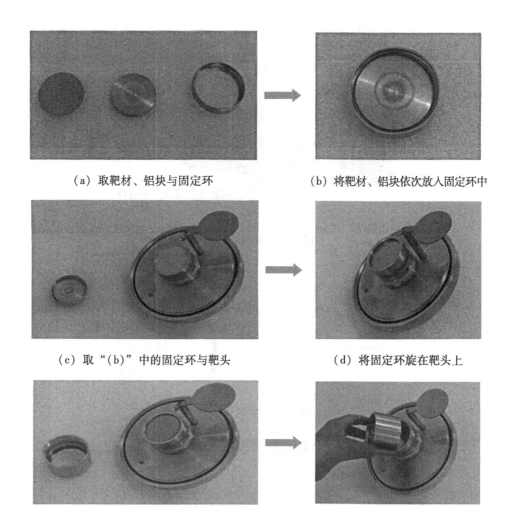

    （a）取靶材、铝块与固定环   （b）将靶材、铝块依次放入固定环中

    （c）取"（b）"中的固定环与靶头   （d）将固定环旋在靶头上

    （e）取阴极罩与"（d）"中的靶头   （f）将阴极罩旋进靶头

图 4 - 6　靶的安装

2. 实验操作使用

（1）盖好上盖，拧紧上盖的放气阀和前面板上的可调微进气阀。

（2）将要镀膜的基片放在靶材正下方的基片平台上。

（3）旋转上盖上方的指针，使不锈钢挡片正好挡住靶材溅射方向。

（4）打开真空泵，开始抽腔室中的气体，可根据实验要求决定是否进行清洗。

清洗过程：抽真空到 1Pa 左右，打开气瓶（气瓶请安装减压阀），打开微量调节阀，使腔内气压保持在 10Pa 左右，这样一边抽真空一边充气清洗，持续 5min，关闭微量调节阀抽真空到 1Pa 以下，如此反复洗气 3~5 次（清洗过程也可根据实验要求自行调整）。清洗结束后将真空度调到 2Pa 左右（可根据实验要求自行调整真空度）。

（5）按下"Test"键（真空度需要在 5Pa 以下），设备启辉正常，电流表显示当前的电流值。一般正常溅射电流为 20~50mA（不同的靶材所需的电流和真空度是不一样的，需要通过反复实验来确定）。

（6）按下"Test"键、电流满足要求后，通过定时器调整溅射时间（120s），按下"Start"键，"Sputtering"指示灯亮，调节电流旋钮到所需的电流值，设备开始预溅射，到达溅射时间后，预溅射结束。

（7）旋转上盖上方的指针，使不锈钢挡片远离靶材溅射方向，然后按下"Start"键，"Sputtering"指示灯亮，设备开始按设定的电流和时间溅射，直至溅射时间结束。

五、问题与思考

（1）使用等离子磁控溅射镀膜仪制备薄膜时，腔内气压、溅射电流和溅射时间的调控范围是多少？Au、Ag 和 Cu 等金属薄膜材料溅射电流的适宜范围是多少？

（2）使用等离子磁控溅射镀膜仪制备薄膜时，有哪些方法可以调节气压？进行启辉时有哪些常用的技巧？

（3）使用等离子磁控溅射镀膜仪制备薄膜时，薄膜的厚度主要受哪些因素的影响？

实验五　电阻式热蒸发技术镀膜实验

一、实验目的

（1）理解电阻式热蒸发镀膜的工作原理。

（2）学会操作热蒸发镀膜设备，为样品镀上铝电极。

二、实验原理

图5-1　热蒸发镀膜设备外观

图5-2　真空腔罩体打开（升起）状态

电阻式热蒸发镀膜，是在真空室中利用电阻加热法，将紧贴在电阻丝上的金属丝（铝丝）熔融汽化，汽化了的金属分子沉积于基片样品上，从而获得光滑、高反射率的膜层，该膜层可以作为基片样品的金属导电层及保护层。

电阻式热蒸发镀膜设备原理简单、结构类似，主要由镀膜室、真空系统、电路控制系统等组成，本实验使用的是沈阳新蓝天真空技术有限公司的DZ300型镀膜系统。

镀膜室是一个钟罩式的真空腔，腔内有螺旋状的加热钨丝、样品架、电阻规管、电离规管、观察窗、放气阀等部件。真空系统主要由机械泵、分子泵、真空阀、真空计等组成。电路控制系统控制机械泵、分子泵、蒸发加热器及腔体升降机等的运行。

图 5-3 腔内结构（加热钨丝、样品架、掩模板等）　　图 5-4 铝丝

图 5-5 控制面板按钮

三、实验步骤

（1）检查电源、水源是否正常，气路的各个阀门是否都处于关闭状态。

（2）打开放气阀，将真空室破真空，腔内气压与大气相同后按"法兰上升"按钮，将腔罩上升到合适高度，更换观察窗口玻璃片。

（3）安装铝丝：按"蒸发源1挡板"按钮打开钨丝上方挡板，取2~3根用酒精浸泡的铝丝，晾干，用镊子将铝丝缠绕到钨丝上，使铝丝与钨丝紧贴，按"蒸发源1挡板"按钮关上钨丝上方挡板（如果之前钨丝烧断，还需先更换钨丝）。

（4）安装样品：根据需要选择合适的掩模板，放置在样品架上，将样品基片需要镀膜的面朝下放置在掩模板上，尽量使样品处于钨丝及铝丝的正上方。

（5）检查无误后，按"法兰下降"按钮，将腔罩盖上。注意下降时对准密封圈，罩体将要落到密封圈上时提前放开"法兰下降"按钮，以免卡住传动机构。检查确认密封圈已贴合，且没有夹杂异物。

（6）抽本底真空。打开冷却水，按"机械泵"按钮开启机械泵，打开机械泵角阀。按"挡板阀"按钮开启分子泵电磁阀，等待2~3min，机械泵的声音变小、稳定后，打开真空计电源；当气压达到5Pa以下时，按下分子泵电源的"启动"按钮；分子泵转速达到100~400rps以后，关闭机械泵角阀，再开启分子泵插板阀；分子泵转速持续上升至最大速度400rps后，继续抽真空，真空度达到2.0×10^{-3}Pa以上后方可开始蒸镀。

（7）加热钨丝熔融铝丝，开始热蒸发镀膜。此步骤为镀膜的核心步骤，必须小心谨慎。按"蒸发加热""蒸发源1"按钮，逐渐调大"功率调节"旋钮，缓慢加大功率，从观察窗口观察钨丝，直到钨丝开始发红光，继续缓慢加大功率，并观察铝丝，直到铝丝软化熔融，继续加大功率，使铝丝完全熔化并吸附到钨丝上,此时立刻打开"蒸发源1挡板",再略微加大功率,观察窗口的玻璃逐渐被沉积的铝膜覆盖而不透明,观察窗口的玻璃完全不透明后继续加热30~60s,然后逐渐调小功率至0,关闭"蒸发源1挡板"。

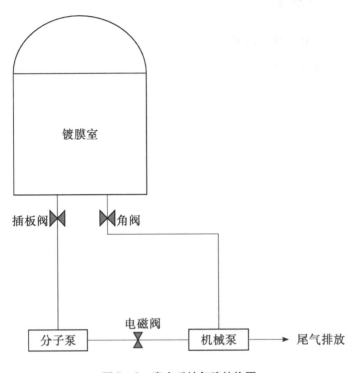

图5-6 真空系统气路结构图

(8)继续抽真空2~3min后,关闭插板阀,关闭分子泵。等分子泵转速降为0,关闭电磁阀,确认角阀关闭,打开放气阀破真空。取出样品后,盖好罩体,打开角阀对腔体进行抽真空维护。气压到10Pa以下后,关闭角阀,关闭机械泵,关闭冷却水,关闭控制机柜总电源。

注意事项如下:

①分子泵开启前必须确认冷却水已开启。

②蒸发加热时,电流必须缓慢增加,适时停顿等待,观察钨丝状态的变化,电流加大过快容易使铝丝烧断、掉落,还可能烧断钨丝。

③每次实验结束后都要对腔体进行抽真空维护，真空设备不用时必须保持腔体处于真空状态。

四、问题与思考

（1）影响镀膜质量的因素有哪些？

（2）如何判断镀膜质量的好坏？

实验六　基于光谱扫描色度计的实时在线检测方法

一、实验目的

（1）掌握基于光谱扫描色度计的实时在线检测方法。

（2）利用光谱扫描色度计实时在线诊断钙钛矿量子点的稳定性。

二、实验原理

对于一些发光材料，由于环境或自身稳定性等因素，其发光特性往往会随着时间推移而发生变化，要研究其发光的稳定性和实时变化规律，则需持续地观测并记录其发射光谱。例如，对于 $CsPbX_3$ 钙钛矿量子点，由于自身晶体结构的不稳定性，其在高温、光照或潮湿环境中与空气接触时极易发生离子迁移和分解。因此，一般都采用一定的方法将量子点包覆保护，使其与外界气氛隔离，从而提高钙钛矿量子点的稳定性。要检测其在不同气氛下的稳定性和发光特性随时间变化的趋势，就要利用光谱扫描色度计对量子点在不同气氛（如不同气体等离子体气氛）的紫外光激发下的发光稳定性进行实时在线检测。光谱扫描色度计可以每间隔一定的时间对材料的发射光谱扫描一次并记录保存，经过一段时间的持续扫描后可以得到一系列随时间推移变化的光谱。利用这些光谱可以研究材料的发光峰位和强度随时间变化的规律。

本实验使用到的设备有 Photo Research PR –655 型光谱扫描色度计、沈阳新蓝天真空技术有限公司生产的 PECVD 350 型平行板电容射频等离子体增强化学气相沉积系统、365nm LED 紫外光源；试剂为南京牧科纳米科技有限公司生产的 $CsPbBr_3$ 量子点，其溶液的浓度为 $10mg \cdot mL^{-1}$，荧光量子产率约 70%，量子点制备方法与 Protesescu 等报道的方法相同。

三、实验步骤

（1）先制备量子点薄膜样品。利用溶液旋涂法将 $CsPbBr_3$ 量子点分散在石英基片上，旋涂参数：$CsPbBr_3$ 量子点溶液浓度稀释为 $0.5mg \cdot mL^{-1}$，用量为 $40\mu L$，旋涂速度为 4 000rpm，时间为 30s（旋涂法实验可参考本书实验七相关内容）。

图 6 –1　等离子体诊断技术系统实物图

（2）将基片以 45°角倾斜放在样品架上，样品架放置在 PECVD 系统真空腔的中央（PECVD 系统的使用方法可参考本书实验三相关内容），样品朝向正面观察窗口。光谱扫描色度计的物镜通过正面观察窗口对准样品，紫外光源对准并覆盖侧面观察窗口，如图 6 –2 所示。准备就绪后，PECVD 系统开始抽真空。

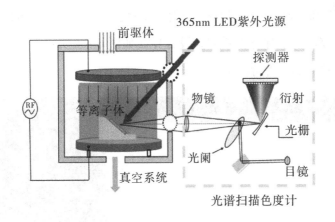

图 6 - 2　等离子体诊断技术系统原理示意图

（3）光谱扫描色度计的对准和聚焦。打开 365nm LED 紫外灯，通过 PECVD 系统侧面观察窗口照射激发量子点薄膜样品，此时样品会发出肉眼可见的绿光，如图 6 - 3 所示。通过光谱扫描色度计的目镜观察样品，调整色度计的位置和角度，使发光的样品处于视野中心黑点处，调整聚焦光圈，使样品达到最亮、最清晰。

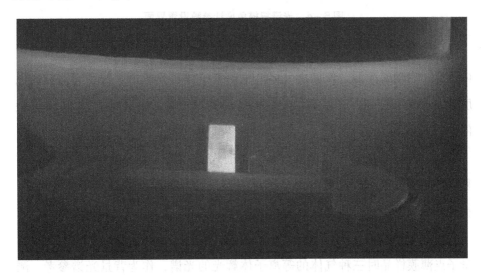

图 6 - 3　等离子体气氛中 CsPbBr₃量子点薄膜在 365nm 紫外光激发下发光

（4）将存储卡插入光谱扫描色度计的卡槽，打开电源，设备启动完成后，设置参数，修改光谱保存文件名，设置界面如图 6-4 所示。保存参数设置，返回光谱扫描界面，等待测量。

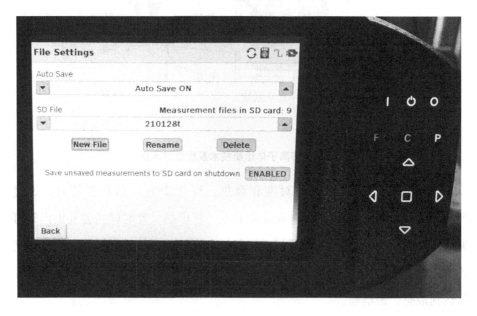

图 6-4　光谱扫描色度计参数设置界面

（5）等 PECVD 系统真空度到 1Pa 以下后，通入 CH_4，调节气体流量及腔内气压，启动射频源，使腔内气体产生等离子体辉光放电。按下光谱扫描色度计"开始"按钮，开始测量腔内样品的发射光谱，测量时长为 20min。关停 PECVD 系统。

（6）更换新的量子点薄膜样品，将通入的 CH_4 分别替换为 O_2 和 H_2，重复以上实验过程，如此可得到量子点薄膜在三种不同气体等离子体气氛中，在紫外光激发下随时间变化的发射光谱。

（7）取出样品，关闭紫外灯。依次通入 CH_4、O_2、H_2，并分别测量不含量子点薄膜样品时三种气体的等离子体辉光的光谱，作为背景光谱参考。测量结束后，关闭色度计，关停 PECVD 系统。

（8）取出光谱扫描色度计的存储卡，将以上所测的光谱文件导入电脑，整理得到 $CsPbBr_3$ 量子点薄膜在不同气体等离子体气氛中随时间变化的发射光谱，如图6-5所示。

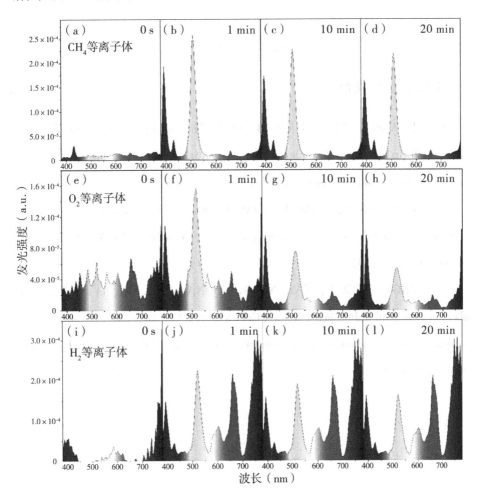

图6-5 $CsPbBr_3$ 量子点薄膜在不同气体等离子体气氛中的发射光谱

注：（b）、（c）、（d）为 CH_4 等离子体气氛，（f）、（g）、（h）为 O_2 等离子体气氛，（j）、（k）、（l）为 H_2 等离子体气氛。（a）、（e）和（i）分别为 CH_4、O_2 和 H_2 等离子体的发射光谱（未含 $CsPbBr_3$ 量子点薄膜）。

四、问题与思考

（1）是否可以先制备好所有的量子点薄膜样品，再依次做不同气氛下的光谱测量实验？为什么？

（2）如何根据以上实验结果，选择包覆量子点的材料和工艺？

本实验参考文献

［1］HUANG S，LI Z，WANG B，et al. Morphology evolution and degradation of $CsPbBr_3$ nanocrystals under blue light-emitting diode illumination ［J］. ACS applied materials and interfaces，2017（8）.

［2］PAROBEK D，DONG Y，QIAO T，et al. Photoinduced anion exchange in cesium lead halide perovskite nanocrystals ［J］. Journal of the American chemical society，2017（12）.

［3］PROTESESCU L，YAKUNIN S，BODNARCHUK M I，et al. Nanocrystals of cesium lead halide perovskites（$CsPbX_3$，X = Cl，Br，and I）：novel optoelectronic materials showing bright emission with wide color gamut ［J］. Nano letters，2015（6）.

实验七　旋涂法

一、实验目的

(1) 了解匀胶机的原理、用途、基本结构。

(2) 掌握匀胶机的操作方法。

(3) 初步掌握旋转涂覆技术，会使用匀胶机对基片进行表面旋涂。

二、实验原理与设备

1. 匀胶机的原理和用途

匀胶机（英文名称为 Spin Coater 或 Spin Processor），又称甩胶机、匀胶台、旋涂机、旋转薄膜机、旋涂仪、匀膜机。匀胶机用于旋转涂覆技术，其原理是在高速旋转的基片上，滴注各类胶液，利用离心力使滴在基片上的胶液均匀地涂覆在基片上，厚度视不同胶液和基片间的黏滞系数而不同，也和旋转速度及时间有关。匀胶机适用于半导体硅片、载玻片、晶片、基片、ITO 导电玻璃等各种胶体的工艺制版表面涂覆或光刻工艺匀胶。

2. 匀胶机的基本结构和性能

本实验室配备的是中国科学院微电子研究所（以下简称中科院微电子所）研制的 KW -4A 型匀胶机（如图 7 - 1 所示），其具有转速稳定和启动迅速等优点，能保证半导体材料中涂胶厚度的一致性和均匀性。

（a）匀胶机　　　　　　　　　（b）真空泵配件

图 7 - 1　KW - 4A 型台式匀胶机及其真空泵配件

其具体规格参数如下：

（1）特点是双转速匀胶机，两挡转速及其匀胶时间分别连续调节。在启动后先低速运转，几秒后自动转换到高速运转，具体调速范围和匀胶时间如下：

Ⅰ挡调速范围为 500 ~ 2 000rpm；Ⅰ挡匀胶时间为 2 ~ 18s。

Ⅱ挡调速范围为 1 300 ~ 8 000rpm；Ⅱ挡匀胶时间为 3 ~ 60s。

（2）适用于直径 5 ~ 100mm 的硅片及其他材料等匀胶。

（3）LED 数字显示，转速稳定度为 ±1%，胶的均匀性为 ±3%。

（4）电机功率：40W。

（5）真空泵抽取速率≥60L/min。

（6）仪器尺寸：210mm ×220mm ×160mm。

KW - 4A 型匀胶机的操作控制面板如图 7 - 2 所示。

图7-2　KW-4A型台式匀胶机的操作控制面板

其控制功能说明如下：

（1）电源：控制220V电源的通断。

（2）匀胶时间：调节匀胶时间长短，时间分别控制在2～18s和3s～1min，其所指刻度与实际时间相近。

（3）转速调节：调节匀胶转速。

（4）控制：在启动后，定时时间未到，需立即停止匀胶而又不能停止吸片，此时只要抬起该键便可停止匀胶。

（5）吸片：按下时吸住片托上的片子。为避免操作上的错误，"吸片"键具有联锁功能，不吸片则电机不转。"吸片"键抬起后，匀胶也就停止。

（6）启动：启动电机。必须在"控制"键和"吸片"键都按下时才能启动运转，否则不能运转。

（7）电源输入（后）：插入220V电源线。

（8）保险管座（后）：安装 $\phi 5 \times 20 - 1A$ 保险管。

（9）吸片抽气嘴（后）：连接到抽气泵。抽气泵的抽速为1L/s。

三、实验步骤

1. KW-4A型匀胶机的操作步骤（以动态滴胶为例）

（1）选择合适的片托，安装片托。

（2）开启"电源"键，按下"控制"键。

（3）调节合适的匀胶时间和转速。转速Ⅰ为低速，转速Ⅱ为高速。

（4）放片。

（5）按下"吸片"键开始抽气。

（6）按下"启动"键。

（7）滴胶。在低转速时间内滴胶完毕，然后匀胶机变为高速匀胶。

（8）电机停转后，抬起"吸片"键，取下片子。

（9）匀胶时间、转速若不合适，可随时调节。

（10）继续匀胶时重复第4至8步。

（11）匀胶结束后抬起"吸片"键、"控制"键，关闭电源。

2. 匀胶机的操作注意事项

（1）每次开机前要注意将"控制"键、"吸片"键抬起，开启电源后分别按下各键操作，以避免未启动时电机即转动。

（2）不同尺寸的片子选用不同尺寸的片托。

（3）所用样片的尺寸要大于片托有效尺寸2~3mm。

（4）如果不慎导致胶被吸入抽气室，则要立即进行清洗。

四、问题与思考

（1）影响匀胶过程的可变因素有哪些？

（2）与静态滴胶相比，动态滴胶的优点有哪些？

实验八　快速热退火实验

一、实验目的

(1) 了解快速热退火炉的原理、用途、基本结构。

(2) 掌握快速热退火炉的操作方法。

(3) 会合作使用快速热退火炉对样品进行快速热退火处理。

二、实验原理与设备

1. 快速热退火技术简介

快速热退火（Rapid Thermal Annealing，简称 RTA）是半导体加工工艺中的一种常规技术手段，指的是将晶片从环境温度快速加热至 1 000 ~ 1 500K，晶片达到该温度后会保持几秒，然后完成淬火。这种技术一般用来激活半导体材料中的掺杂元素和将由离子注入造成的非晶结构恢复为完整晶格结构，主要被应用于薄膜晶体管、太阳能电池等器件生产过程中的掺杂、点缺陷退火、杂质激活等高温（>700℃）过程。在低温器件如玻璃衬底的多晶硅薄膜太阳能电池的应用中，也具有很大的潜力。

2. 快速热退火炉的结构和性能

本实验室配备的是合肥科晶材料技术有限公司生产的 OTF - 1200X - 4 -

RTP - SL 型滑轨快速热退火炉，其结构如图 8 - 1 所示。该滑轨炉集高温炉、控制系统于一体，采用风冷冷却，具有快速升降温的特点。

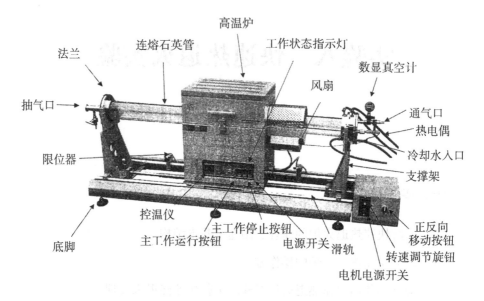

图 8 - 1　OTF - 1200X - 4 - RTP - SL 型滑轨快速热退火炉结构

该滑轨炉主要包括高温炉、炉管、电机、滑轨、风扇、定位器、法兰、数显真空计等部件，另配有机械泵、分子泵。其中高温炉采用 OTF - 1200X - 4 - RTP 炉体，安装有双向导柱滑轨，整体加工外形尺寸为 1 800mm × 450mm × 680mm，升温结束后，左右拉动炉体（安装有电机控制部分，可以自动控制炉体的滑动）能够保证有足够的空间使石英管的加热恒温区移出炉体，满足快速降温的要求。炉管使用石英管，石英管具有很高的耐极冷极热性，能满足突然降温而不破裂的要求。实验相关的主要技术参数如表 8 - 1 所示。

表 8 − 1　OTF − 1200X − 4 − RTP − SL 型滑轨快速热退火炉的部分技术参数

最高温度	1 000℃	额定温度	950℃
推荐升温速率	30℃/s	最大升温速率	100℃/s
控温精度	±2℃	极限真空度	1.0×10^{-3}Pa
降温速率	当电机转速为最大值 450rpm 时，900℃ 至 600℃ 的降温速率为 8.3℃/s，600℃ 至 300℃ 的降温速率为 2.5℃/s，600℃ 至 200℃ 的降温速率为 1.8℃/s		

三、实验仪器操作

1. 滑轨炉的操作步骤

（1）打开总电源。

打开滑轨炉电源开关。打开电机，将高温炉移动到左限位器处（操作电机操控面板）。

（2）放置样品。

①拔掉热电偶的接线插头，从炉管中取出密封杆。

②拧下外法兰上的 3 颗紧固螺栓，打开外法兰。

③用石英钩杆将装有样品的石英舟推入石英管的加热恒温区的中央位置。

④关闭外法兰，拧上外法兰上的 3 颗紧固螺栓。

⑤将密封杆插入石英管，拧紧螺母，插上热电偶的接线插头。

（3）操作电机，将高温炉移动到右限位器处。

（4）抽真空。

①打开石英管左端法兰抽气口处的阀门，打开真空泵，开始抽真空；结束后，先关闭抽气口处的阀门，再关闭真空泵。

②如需充入气体，打开气瓶、气路，打开滑轨炉右端数显真空计的通气

口截止阀，时刻注意数显真空计读数（通入的气体压力必须小于0.02MPa）；通气完毕后，依次关闭通气口截止阀、气路、气瓶。

（5）设定、运行控温程序（操作控温仪面板，如图8-2所示）。

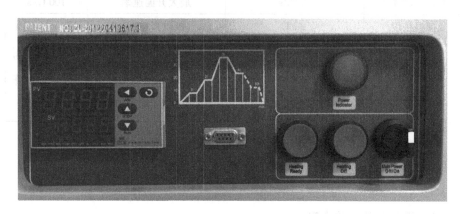

图8-2　高温炉的控温仪面板

①打开控温仪面板的"Main Power Off/On"开关，仪表亮。

②输入控温程序曲线（以图8-3中的控温曲线为例）。

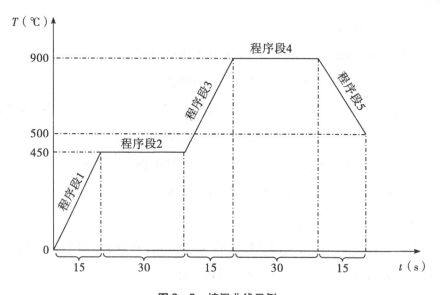

图8-3　控温曲线示例

A. 在基本状态下按"◄"键1s，仪表进入控温程序设置状态；按"◄""▲""▼"三键设置"C01"数据为"0"（"C01"是控温程序段1的起始温度值，实际值一般为室温）。

B. 按"⟳"键1s显示下一个要设置的程序值，即t01，按"◄""▲""▼"三键设置"t01"数据为"15"（"t01"是控温程序段1的运行时间）。

C. 按"⟳"键1s显示下一个要设置的程序值，即C02（"C02"是控温程序段1的目标温度值，也是程序段2的起始温度值，示例中C02为450）。

…………

运行曲线值设置结束，设置结束语"t06"为"−121"。

③按下绿色的"Heating Ready"键，听见"嘭"的一声。

④按住仪表上的"▼"键2s，下显示器SV屏幕显示"run"，控温程序自动开始运行。

⑤控温程序运行结束后，下显示器SV屏幕显示"stop"，按下红色的"Heating Off"键；操作电机，将高温炉移动到左限位器处。

⑥待炉温降到室温左右，关闭"Main Power Off/On"开关，关闭电机电源开关，关闭滑轨炉电源开关。

（6）取样，关闭总电源。

2. 滑轨炉操作注意事项

（1）严禁将水、易燃物等带进滑轨炉操作间。

（2）严禁手湿的情况下操作仪器。

（3）冒烟及有异物或水等进入产品本体时，请切断电源开关，拔掉插头。

（4）高温炉炉管不建议正压使用，正压压强绝不允许超过0.02MPa。

（5）不允许在污染的环境下使用数显真空计，以免损坏传感器。

（6）不得通入氯化物、硫化物等易腐蚀的气体。不建议、不提倡使用易燃、易爆、有毒、有害的气体。

（7）降温时请利用程序降温，不建议直接按"STOP"键降温。设备温度在500℃以上时，不要关掉设备电源，防止出现安全问题。

（8）操作过程中请做好安全措施，避免接触石英管外壁，尤其是在升降温过程中，不要接触高温炉和石英管，以免烫伤。

四、问题与思考

（1）与普通热退火技术相比，快速热退火技术的特点和优势有哪些？

（2）快速热退火实验中哪些因素对退火样品有影响？

实验九　光刻实验

一、实验目的

(1) 了解紫外光刻的基本原理和工艺方法。

(2) 学会使用普通紫外曝光机,将图形从掩模板转移到光刻胶薄膜上。

二、实验原理

光刻技术是指在光照作用下,借助光致抗蚀剂(又名光刻胶)将掩模板上的图形(如图 9 - 1 所示)转移到基片上的技术。其主要过程为:首先紫外光通过掩模板照射到附有一层光刻胶薄膜的基片表面,引起曝光区域的光刻胶发生化学反应;再通过显影技术溶解去除曝光区域或未曝光区域的光刻胶(前者称正性光刻胶,后者称负性光刻胶),使掩模板上的图形被复制到光刻胶薄膜上,其基本过程如图 9 - 2 所示。光刻胶薄膜上获得与掩模板上相同的图形后,再利用化学或物理方法,将抗蚀剂薄层未掩蔽的基片表面或介质层除去,从而在基片表面或介质层上获得与抗蚀剂薄层图形完全一致的图形,也就是掩模板上的图形。

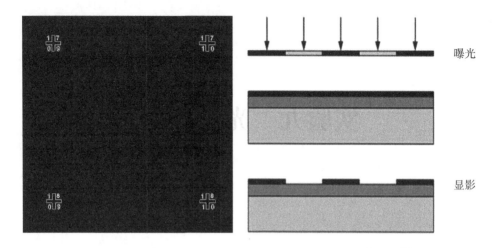

图 9 - 1　某掩模板图案的局部放大　　　图 9 - 2　将掩模板图形转移到

（图形中十字架的线宽为 10μm）　　　　正性光刻胶薄膜上的过程示意图

　　常用的曝光方式有接触式曝光和非接触式曝光两种，区别在于曝光时掩模板与基片是贴紧还是分开。接触式曝光具有分辨率高、复印面积大、复印精度好、曝光设备简单、操作方便和生产效率高等优点，但容易损伤和沾污掩模板和基片上的感光胶涂层，对准精度低。一般认为，接触式曝光只适用于分立元件和中、小规模集成电路的生产。非接触式曝光主要指投影曝光。在投影曝光系统中，掩模板图形经光学系统成像在感光层上，掩模板与基片上的感光胶层不接触，不会引起损伤和沾污，成品率较高，对准精度也高，能满足高集成度器件和电路生产的要求。但投影曝光设备复杂，技术难度高，因此不适用于低档产品的生产。

　　本实验采用接触式曝光，掩模板图形为数字坐标图案（如图 9 - 1 所示），使用的是中国电子科技集团公司第四十五研究所生产的 BG - 401A 型曝光机（如图 9 - 3 所示）。

图 9 – 3　BG – 401A 型曝光机工作台

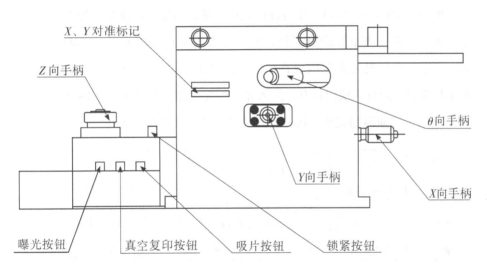

图 9 – 4　BG – 401A 型曝光机工作台示意图

三、实验步骤

（1）光刻胶在显影前不可暴露在普通光源下，实验过程中必须关闭白光灯，只开黄光灯。

（2）采用 RCA 法清洗基片（具体方法参见本书实验一相关内容）后，用加热板烘烤基片，温度为 110℃，时间为 60s。

（3）将基片吸附于匀胶机真空吸嘴，吸取适量光刻胶滴在基片上，按照"慢速 800rpm，3s；快速 5 500rpm，30s"的参数旋涂。

（4）将旋涂后的基片放在加热板上，110℃烘烤 60s。

（5）检查压缩空气和压缩氮气的压力是否正常，压缩空气的压力应为 0.5～0.6MPa，压缩氮气的压力应为 0.2～0.3MPa。接通汞灯电源，按汞灯触发按钮点亮汞灯。汞灯在点亮后 10～15min 进入稳定状态，即可打开控制箱电源。打开主机电源后，显示屏画面为初始状态，如图 9-5 中的（a）所示。此时按面板上的"SET"键可以修改曝光时间，修改后按"ENT"键确认并返回图 9-5 中的（a）界面。如需进行光强检测，则要取掉掩模板架及承片台，在滑轨上放置一块报废的掩模板，再在掩模板上放一张直径为 108mm 的白纸，白纸中心与曝光光源照射在白纸上形成的圆中心重合，按"ALM"键，曝光系统向外运行，快门打开，进入光强检测状态，显示画面如图 9-5 中的（b）所示，光强检测完毕，按"ESC"键退出，返回初始状态。

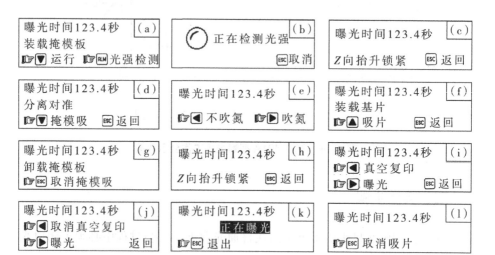

图 9-5　主机屏幕显示的各个操作界面（每个界面右上角为添加的编号）

（6）调节工作台上的 X、Y 向手柄，使工作台 X、Y 向处于零位，这时 X、Y 向手柄的读数是 5mm，然后调节 θ 向手柄，使动标记与定标记的十字线重合，使 Z 向手柄处于下极限位置，Z 向手柄微动旋钮顺时针旋转到极限位置，此时为工作初始状态。

（7）在工作初始状态，拉出滑板架，将掩模板放在装载台上，按下键（朝下的三角形），使掩模板固定在装载台上，显示如图 9-5 中的（c）界面。将滑板架推入工作位置，顺时针旋转 Z 向手柄粗动旋钮，使掩模板贴附在掩模板架上，按下 Z 向手柄右边的红色"锁紧"按钮，显示屏出现图 9-5 中的（d）界面。按下键，进入下一步：曝光方式的选择［如图 9-5 中的（e）所示］。按左键（朝左的三角形）或右键（朝右的三角形）选择曝光方式，做出选择后都会进入下一步"装载基片"［如图 9-5 中的（f）所示］。

（8）显示（f）界面时，将承片台放在滑板架上，将需要曝光的基片放在承片台上，按上键（朝上的三角形）或左侧的"吸片"按钮，基片被真空固定在承片台上，将承片台推入工作位置，进入下一步：Z 向抬升找平、分离对准［如图 9-5 中的（h）所示］。此时若要退出，按下"ESC"键后会退到图 9-5 中的（g）界面，再次按下"ESC"键，取消掩模板吸附，从掩模板架上取下掩模板，将退回到（a）界面，结束此次操作。

（9）显示（h）界面时，检测 Z 向手柄微动旋钮的位置，是否顺时针旋转到位，然后顺时针旋转 Z 向手柄粗动旋钮，使承片台上升，基片与掩模板接触找平，直到发出"嗒嗒"的声音，然后按"锁紧"按钮，使基片与掩模板保持平行。

（10）此时显示界面如图 9-5 中的（i）所示，可以进行直接曝光或真空复印曝光。按右键或"曝光"按钮进行曝光。若需要真空复印，按左键或"真空复印"按钮进入真空复印模式，此时显示界面如图 9-5 中的（j）所示。若要取消真空复印模式，则再按一次左键或"真空复印"按钮，即可取消并返回到（i）界面的状态。

（11）无论选择哪种模式，按右键或"曝光"按钮即可进行曝光。曝光系统向外运行至工作位置后，快门打开并开始计时，如图9－5中的（k）所示。曝光结束后，曝光系统向里运行，返回初始位置，进行下一步操作：取片。

（12）此时显示界面如图9－5中的（l）所示，反向旋转Z向手柄，使承片台下降，拉出承片台，按"ESC"键或松开"吸片"按钮取消吸片，取走曝光好的基片，设备返回到（f）界面的状态。此时可以进行下一流程或按"ESC"键退出，结束操作。

（13）若要关机，首先取出掩模板，再关闭电气控制箱电源，最后关闭汞灯电源。注意，每次要去除真空时应先从掩模板架上取下掩模板，以防掉落损坏；待汞灯冷却后才能再次打开汞灯电源，触发汞灯。

（14）显影：将曝光好的基片浸入与光刻胶配套的显影液中15～30s，取出（若是负性光刻胶，从显影液中捞出后立即浸入配套的定影液中15～30s）。

（15）显影定影后的基片用去离子水清洗后放在加热台上烘烤，使胶坚固，烘烤温度为140℃，时间为60s。

（16）基片冷却后置于高倍显微镜下观察曝光图形是否完整、清晰。

四、问题与思考

（1）哪些因素会影响转移后图形的分辨率？如何影响？

（2）正性光刻胶和负性光刻胶使用时的区别是什么？

实验十　反应离子刻蚀实验

一、实验目的

（1）了解反应离子刻蚀技术的基本过程。

（2）学会使用反应离子刻蚀设备在基片上刻蚀出曝光好的图形。

二、实验原理

反应离子刻蚀技术是一种各向异性很强、选择性高的干法腐蚀技术。它是在真空系统中利用分子气体等离子来进行刻蚀的，利用了离子诱导化学反应来实现各向异性刻蚀，即利用离子能量来使被刻蚀层的表面形成容易刻蚀的损伤层进而促进化学反应，同时离子还可清除表面生成物以露出清洁的刻蚀表面。

一般而言，反应离子刻蚀机的真空腔呈圆柱形，上极板和整个侧壁接地，作为阳极；下极板做阴极也是功率电极，要腐蚀的基片水平放在下极板上。反应室（真空腔）中通入一定的压力和混合比例的腐蚀气体。阴阳两极间，加上大于气体击穿临界值的高频电场，在强电场的作用下，被高频电场加速的杂散电子与气体分子或原子进行随机碰撞。当电子能量大到一定程度时，随机碰撞变为非弹性碰撞，产生二次电子发射，发射出的电子又进一步与气体分子碰撞，不断激发或电离气体分子，产生链式反应。这种激烈碰撞会引起气体分子电离和电子离子复合,当电离出的电子与复合掉的电子数量达到动态平衡时,放电就能不断地维持下去,从而使腔内气体形成等离子体状态。由非弹性碰撞产生的离子、电子及游离基(游离态的原子、分子或原子团)具有很强的化学活性,可与被刻蚀样品表面的原子起化学反应,形成挥发性物质,达到腐蚀样品表层的目的。同时,由于阴极附近的电场方向垂直于阴极表面,高能离子在一定的工作压力下,垂直地射向样品表面,进行物理轰击,使反应离子刻蚀具有很好的各向异性。

反应离子刻蚀中的样品表面如果有图形掩模层(曝光显影后留下的光刻胶层,其图形和曝光掩模板图形相同),那么未被光刻胶掩蔽的部分会被刻蚀掉,而有光刻胶掩蔽的部分则被保留下来。刻蚀结束后去掉光刻胶,则会在基片表面留下与掩模板相同的图形,曝光及刻蚀过程如图 10 - 1 所示。该刻蚀技术可以实现大面积的较均匀快速的图形转移,且操作简单,但不能获得较高的选择比,对表面的损伤大,有污染,难以形成更精细的图形。本实验使用的刻蚀设备是北京金盛微纳科技有限公司生产的 RIE - 5 型反应离子刻蚀机,如图 10 - 2 和图 10 - 3 所示。被刻蚀样品则是由前期的曝光实验中得到的有图形基片。

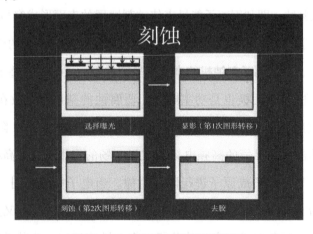

图 10 - 1 曝光及刻蚀过程示意图

图 10 - 2 RIE - 5 型反应离子刻蚀机

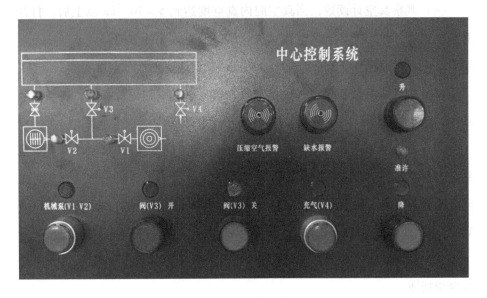

图 10 - 3 反应离子刻蚀机的控制面板及结构示意图

三、实验步骤

（1）开启设备总电源和冷却水机，设定冷却水温度为20℃，打开空气压缩机。开启控制柜上对应的开关，分别打开真空计、流量计、射频功率源。检查气源是否正常。

（2）按下"充气（V4）"按钮，进气阀V4开启，大气进入真空腔，等"准许"灯亮后，按"升"按钮开启真空腔上盖板，此时V4阀门自动关闭。将待刻蚀样品放置于腔内下极板中央，为防止样品移动，可用高温胶带将样品固定，放好样品后按"降"按钮，盖上真空腔上盖板。

（3）按"机械泵（V1·V2）"按钮，启动机械泵，同时V1和V2阀门自动开启，此时分子泵内部开始抽真空，按"阀（V3）开"按钮，V3阀门开启，真空腔内开始抽真空。等待真空腔内气压低于设定值，系统会自动关闭V3阀门，此时启动分子泵，打开分子泵插板阀，对真空腔继续抽本底真空。

（4）观察真空计读数，当真空腔内真空度达到5×10^{-4} Pa以上后，打开对应气源阀门和反应室（真空腔）进气阀门，通入腐蚀气体，调节气体流量至设定值，通过调节分子泵插板阀开启度调整反应室内气压至设定值。

（5）待气体流量和腔内气压稳定后，设定好射频功率源参数，启动射频功率，开始刻蚀并计时。到设定时间后，关闭射频功率源，停止刻蚀。

（6）刻蚀结束，关闭气源阀门，对腔体及进气管道抽高真空，真空度应到5×10^{-4} Pa以上，尽量将残余腐蚀气体完全抽尽。关闭反应室进气阀，关闭分子泵插板阀，停止分子泵，待分子泵转速降到0后，按"机械泵（V1·V2）"按钮，停止机械泵，同时关闭V1和V2阀门。

（7）重复第2个步骤，即可取出样品并装入新的样品，重复第3~6个步骤继续刻蚀。

（8）如需关机，则取出样品，盖好上盖板后，按"机械泵（V1·V2）"

按钮，按"阀（V3）开"按钮，对真空腔进行抽真空维护，腔内气压到设定值自动关闭 V3 阀门后，按"机械泵（V1·V2）"按钮，停止机械泵。关闭流量计，关闭真空计，关闭射频功率源，关闭冷却水机。

（9）将样品放入对应的除胶剂中，超声清洗 15min，去除样品表面残余的光刻胶。

（10）样品用纯水清洗，干燥后，置于高倍显微镜下观察刻蚀图形是否完整、清晰。

四、问题与思考

（1）哪些因素会影响刻蚀后图形的分辨率？

（2）如何提高刻蚀后图形的完整性和分辨率？

实验十一　扫描电子显微镜结构表征

一、实验目的

（1）了解扫描电子显微镜（以下简称扫描电镜）的基本结构和原理。

（2）掌握扫描电镜的操作方法。

（3）掌握扫描电镜样品的制备方法。

（4）选用合适的样品，通过对表面形貌的观察，了解扫描电镜图像原理及其应用。

二、实验原理

当具有一定能量的入射电子束轰击样品表面时，电子与元素的原子核及外层电子发生单次或多次弹性与非弹性碰撞，一些电子被反射出样品表面，其余的电子则渗入样品中，逐渐失去其动能，最后停止运动，并被样品吸收。在此过程中，99%以上的入射电子能量转变成样品热能，而其余约1%的入射电子能量从样品中激发出各种信号。如图 11 - 1 所示，这些信号主要包括二次电子、背散射电子、吸收电子、透射电子、俄歇电子、电子电动势、阴极发光、X 射线电子等。

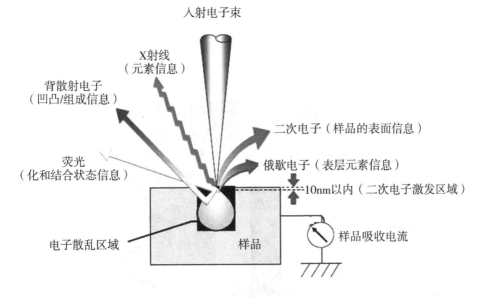

图 11 -1　电子束和样品表面相互作用产生的信号类型

（1）二次电子像。在入射电子束的作用下被轰击出来并离开样品表面的核外电子叫作二次电子。这是一种真空中的自由电子。二次电子一般都是在表层 5～10nm 深度范围发射出来的，它对样品的表面形貌十分敏感，因此，它能非常有效地显示样品的表面形貌。二次电子的产额和原子序数之间没有明显的依赖关系，所以不能用它来进行成分分析。

（2）背散射电子像。背散射电子是被固体样品中的原子核反弹回来的一部分入射电子，背散射电子来自样品表层几百纳米的深度范围。由于它的产能随样品原子序数增大而增多，因此，它不仅能用作形貌分析，还可以用来显示原子序数衬度，定性地用作成分分析。

（3）本实验使用的是日立公司的 SU5000 型热场发射扫描电镜（如图 11 -2 所示），其基本构造（如图 11 -3 所示）包括以下体系：

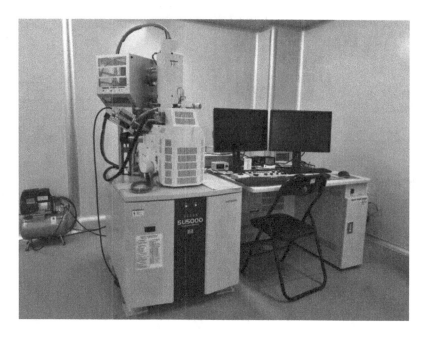

图 11 - 2　SU5000 型热场发射扫描电镜

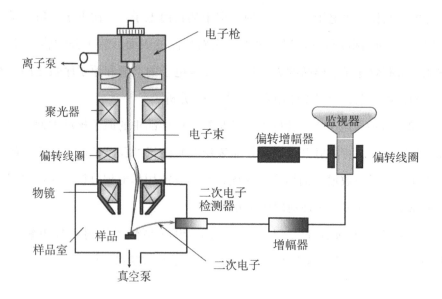

图 11 - 3　热场发射扫描电镜的基本结构

①电子光学体系。电子光学体系包括电子枪、电磁透镜、扫描线圈、样品室等，主要用于产生一束能量分布极窄的、电子能量确定的电子束，用以扫描成像。

②信息采集及显现体系。电子经过一系列电磁透镜成束后，打到样品上与样品相互作用，会产生二次电子、背散射电子、俄歇电子以及 X 射线等一系列信号，所以需要不同的探测器如二次电子探测器、X 射线能谱分析仪等来区分这些信号，获得所需要的信息。

③真空体系。真空柱是一个密封的柱形容器。真空泵用来在真空柱内产生真空，有机械泵、油扩散泵及涡轮分子泵三大类，机械泵与油扩散泵的组合可以满足配置钨灯丝枪的扫描电镜的真空要求，但对于装置了场致发射枪或六硼化镧及六硼化铈枪的扫描电镜，则需要机械泵与涡轮分子泵的组合。

④电源体系。电源体系由稳压、稳流及相应的平安保护电路所构成，其作用是提供扫描电镜各部分所需的电源。

三、实验步骤

1. 样品的制备

（1）粉末样品必须粘牢在样品台上（使用导电胶带或液体导电胶，最后用洗耳球吹）。

（2）样品边缘不能超过样品台。

（3）观察截面可以使用特制的截面样品台。

（4）潮湿样品和易挥发样品不能放入样品室。

（5）样品放入样品室前注意调整和测量高度（不能超过样品室的高度）。

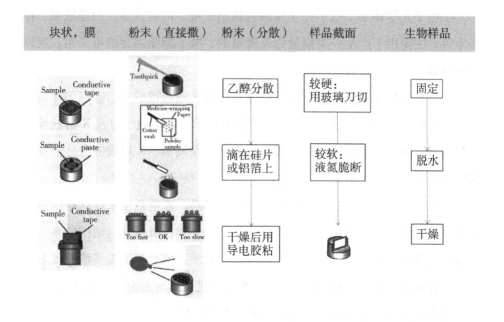

图 11 - 4　不同样品的制备方法

2. 电镜开机

（1）打开 DISPLAY POWER 电源，电脑界面出现后，点击"PC - SEM 普通用户模式"。

（2）进入电脑界面，弹出电镜软件操作界面"EM Wizard"，点击"OK"。

3. 样品准备

（1）样品粘好后，请拿洗耳球用力吹扫。

（2）样品台必须限高，且必须锁紧。

4. 镀膜 Au 或 Pt

若导电性好，跳过此步，进入下一步。

5. 电镜软件操作

（1）根据需要调整电压（通常电压为15kV）。

（2）调整好电压 Vacc 和束斑强度 Spot intensity 后，点击"Beam ON"通

电加电压；等仪器上加压进度条结束后，可开始拍照。拍照基本流程如下：

①在 Fast 模式下进行图片的放大、聚焦等操作。

②低倍下找样品，找到样品后放大到高倍，并聚焦。

③聚焦后，调整各自想要的放大倍数，用 Reduce 模式再聚焦，消像散和对中。

④调整后，通过 Slow 3 观察照片，如果满足清晰要求，点击"拍照"按钮拍照。

6. 换样

（1）调低放大倍数，1 000 倍以内，点击"Stop"，将加速电压调零。

（2）按"Air"按钮破真空（若刚关闭高压，应略等片刻）。

（3）听到提示音后，轻轻拉开样品室门到最大，打开样品室。

（4）取出样品台。

（5）将待观察样品用导电胶牢牢粘在样品托上；用高度规测量样品台上样品的最高处，再安装于样品底座；设置好样品台的尺寸与高度，建议高度设置比实际高 1～2mm，点击"Stage move"。

（6）左手确认样品台的最高处不超过挡板底边，轻轻关闭样品室门并按紧；右手按下"Evac"按钮，机械泵启动后，松开样品室门；抽真空直至"Beam ON"按钮被激活，然后点击"Beam ON"按钮，向电子枪的加速电场加高压。

需要注意的是，工作结束前，抽好真空并且不将样品搁置于样品室过夜。

7. 数据存取

用扫描电镜和元素分析的电脑刻录图片数据。

8. 关机

（1）根据预约表了解自己是不是最后一个操作人员。

（2）单击操作界面"Stop"关闭高压，按照样品换样流程取出样品台。

（3）样品室抽真空完成后，单击操作界面左上方的"Menu-End"，若干秒后，操作界面"EM Wizard"弹出即退出。

（4）关闭电脑，最后关掉操作台 DISPLAY POWER 电源开关。

图 11 - 5　扫描电镜照片实例

四、问题与思考

（1）为什么用扫描电镜观察非导电材料需要在表面喷金？

（2）扫描电镜不能测试铁、钴、镍等磁性材料的主要原因是什么？如何解决？

（3）影响扫描电镜成像的质量的主要因素有哪些？

（4）扫描电镜的日常维护需要注意的主要事项有哪些？

实验十二　能谱元素（EDS）分析

一、实验目的

（1）了解电子能谱仪的结构和工作原理。

（2）掌握电子能谱元素的分析方法、特点及应用。

二、实验原理

在现代的扫描电镜和透射电镜中，能谱仪是一个重要的附件，它同扫描电镜主机共用一套光学系统，可对材料中感兴趣部位的化学成分进行点分析、面分析、线分析。它的主要优点有：①分析速度快，效率高，能同时对原子序数为 11~92 的所有元素（甚至是 C、N、O 等超轻元素）进行快速定性、定量分析。②稳定性好，重复性好。③能用于粗糙表面的成分分析（断口等）。④能对材料中的成分偏析进行测量等。

1. 能谱仪的工作原理

电子探针是利用高能细聚焦电子束与样品表面相互作用，在一个有限深度及侧向扩展的微区体积内，激发产生特征 X 射线（如图 12 – 1 所示），通过 X 射线能谱仪测量它的波长（或能量），确定分析微区内所含元素的种类——定性分析，由特征 X 射线的强度可计算出该元素的浓度——定量分析。由于用来激发样品的电子束很细，宛如针状，因此称其为电子探针。

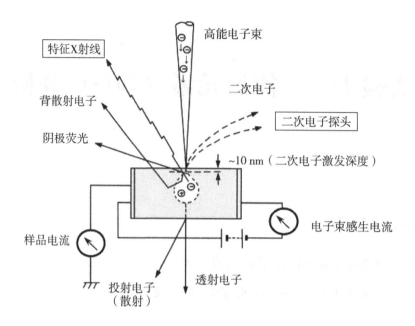

图 12 - 1   电子束和样品表面相互作用产生的信号类型

2. 能谱仪的结构

能谱仪由检测系统、信号放大系统、数据处理系统和显示系统组成，如图 12 - 2 所示。利用半导体检测器对特征 X 射线的能量进行鉴别。不同能量的 X 光子由 SDD 探测器接收并转换为电压脉冲信号，混合脉冲处理器接受电压脉冲信号，并经鉴别、测量，确定所接收到的 X 射线能量，然后由工作站分析处理，显示并转换为数据，这就是 X 光量子的能谱曲线。本实验使用的是布鲁克公司的 XFlash Detector 630M 型能谱仪，搭配日立公司的 SU5000 型热场发射扫描电镜。

SDD 探测器   混合脉冲处理器   工作站式PC

图 12 - 2   EDS 系统构成

3. 元素能谱的三种分析模式：点分析、线扫描分析和面分布分析

（1）点分析：将电子探针固定于样品感兴趣的点或微区进行扫描，记录出一条计数率随电子能量变化的谱带，如图 12 - 3 所示。经过译谱得知元素定性分析结果。定点元素分析是 X 射线成分分析中最主要、最基本的工作，应用非常广泛，也是线扫描分析、面分布分析及定量分析的前提。

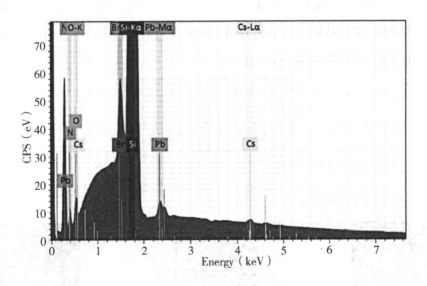

图 12 - 3   EDS 能谱图

（2）线扫描分析：入射电子束在样品表面沿选定的直线轨迹（穿越粒子或界面）进行扫描，使能谱仪固定接收某一元素的特征 X 射线信号（对 EDS 设定能量值，对 WDS 是固定值 1），即可显示或记录该元素在指定直线上的元素浓度变化曲线。改变能谱仪的位置便可得到另一元素的浓度曲线。通常，直接在扫描电镜图像上叠加显示扫描轨迹和浓度分布曲线，可以更加直观地表明元素浓度不均匀性与样品组织形貌之间的关系。应用如下：①测定材料内部相区或界面上元素的密集或变化十分有效。②研究扩散现象，在垂直于扩散界面的方向上进行线扫描，可以显示浓度与扩散距离的关系曲线。③对材料表面化学热处理的渗层组织进行断面上的线扫描，是一种有效的分析手段。

（3）面分布分析：电子束在样品上进行光栅扫描，能谱仪固定接收其中某一元素的特征 X 射线信号，并以此调制荧光屏亮度，可得该元素的面分布像，如图 12-4 所示。这实际上是扫描电镜的一种成像方式——用特征 X 射线成像。显然，图中较亮的区域，特征 X 射线信号强，对应该元素的含量较高；较暗的区域，特征 X 射线信号弱，对应该元素的含量较少。面分布像给出元素浓度面分布的不均匀性信息。

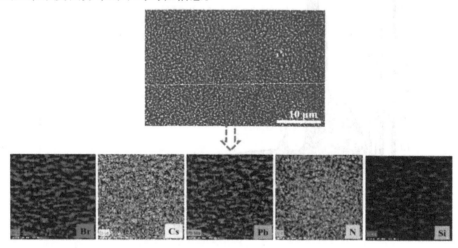

图 12-4　EDS 面分布像

三、实验步骤

1. 样品的制备

（1）粉末样品必须粘牢在样品台上（使用导电胶带或液体导电胶，最后用洗耳球吹）。

（2）样品边缘不能超过样品台。

（3）观察截面可以使用特制的截面样品台。

（4）潮湿样品和易挥发样品不能放入样品室。

（5）样品放入样品室前注意调整和测量高度（不能超过样品室高度）。

2. 扫描电镜的基本操作步骤

（1）开机。

①打开 DISPLAY POWER 电源，电脑界面出现后，点击"PC – SEM 普通用户模式"。

②进入电脑界面，弹出电镜软件操作界面"EM Wizard"，点击"OK"。

（2）样品准备。

①样品粘好后，请拿洗耳球用力吹扫。

②样品台必须限高，且必须锁紧。

（3）电镜软件操作。

选择标准模式，点击"Beam ON"通电加电压；等仪器上加压进度条结束后，可开始寻找样品对焦。

3. EDS 的基本操作步骤

（1）选择好分析模式（Objects，线扫描或面分布）。

（2）根据所选择的分析模式，选择相应的扫描区域。

（3）点击获取实时图像。

（4）点击"采集"。

（5）数据采集完成后，点击"element"对数据进行分析。

（6）点击"定量"分析样品组分。

（7）输出数据，保存报告。

四、问题与思考

（1）简述扫描电镜和能谱仪的工作原理的异同。

（2）扫描电镜的成像质量与哪些因素有关？

（3）EDS 能谱仪分析结果受哪些因素的影响？

本实验参考文献

LIN Z, HUANG R, ZHANG W, et al. Highly luminescent and stable Si-based CsPbBr$_3$ quantum dot thin films prepared by clow discharge plasma with real-time and in situ diagnosis ［J］. Advanced functional materials，2018（50）.

实验十三　四探针电阻率测量

一、实验目的

(1) 了解四探针电阻率测试仪的基本原理。

(2) 了解四探针电阻率测试仪的组成、原理和使用方法。

(3) 对给定的物质进行实验，并对实验结果进行分析、处理。

二、实验原理

数字式四探针电阻率测试仪是运用四探针测量原理的多用途综合测量装置，可以测量棒状、块状半导体材料的径向和轴向电阻率，片状半导体材料的电阻率和扩散层方块电阻，换上特制的四端子测试夹，还可以对低、中值电阻进行测量。本实验使用的仪器是珠海凯为仪器设备有限公司的 FP – 001 型四探针直流低电阻测试仪，由集成电路和晶体管电路混合组成，具有测量精度高、灵敏度高、稳定性好、测量范围广、结构紧凑、使用方便等特点，测量结果由数字直接显示。仪器探头由宝石导向轴套与高耐磨合金探针组成，具有定位准确、游移率小、寿命长的特点。

本仪器适用于对半导体材料、金属材料、绝缘材料进行导电性能测试。

体电阻率测量：

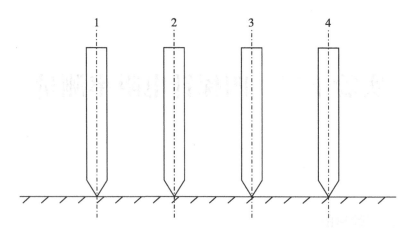

图 13-1　四探针测量示意图

当 1、2、3、4 这四根金属探针排成直线时，以一定的压力压在半导体材料上，在 1、4 两根探针间通过电流 I，则 2、3 两根探针间产生电位差 V。

材料的电阻率 $\rho = \dfrac{V}{I} C$，式中 C 为探针系数，由探针的几何位置决定。

当试样电阻率分布均匀、试样尺寸满足半无限大条件时，

$$C = \cfrac{2\pi}{\dfrac{1}{S_1} + \dfrac{1}{S_2} - \dfrac{1}{S_1 + S_2} - \dfrac{1}{S_2 + S_3}}$$

式中，S_1、S_2、S_3 分别为探针 1 与 2、2 与 3、3 与 4 之间的间距，当 $S_1 = S_2 = S_3 = 1\,\mathrm{mm}$ 时，$C = 2\pi$。

若电流取 $I = C$，则 $\rho = V$ 可由数字电压表直接读出。

薄片样品因其厚度与探针间距比较，不能忽略，测量时要提供样品的厚度、形状和测量位的修正系数。

电阻率可由下面公式得出：

$$\rho = R_X \times F\left(\frac{D}{S}\right) \times F\left(\frac{W}{S}\right) \times F_{sp} \times W$$

式中，D 是样品直径，单位为 cm 或 mm，注意与探针间距 S 的单位一致；S 是平均探针间距（四探针测试头合格证上的 S 值）；W 是样品厚度；F_{sp} 是探针间距修正系数（四探针测试头合格证上的 F 值）；$F\left(\dfrac{D}{S}\right)$ 是样品直径修正因子，由随机手册附表 1 查出；$F\left(\dfrac{W}{S}\right)$ 是样品厚度修正因子，由随机手册附表 2 查出；R_X 是低电阻测试仪测量电阻值，单位为 Ω。

三、实验步骤

1. 连接设备

四探针测试头（如图 13-2 所示）与测试仪相连。

图 13-2 四探针测试头

2. 接通电源

开机（如图 13-3 所示）预热 15min，等待仪器内部线路电参数稳定后再进行测试。

图 13-3 开机指示灯

3. 设置量程

按下"量程"键，"量程"键左边的"HOLD"指示灯亮（如图 13-4 所示，若该指示灯处于关闭状态，则仪器自动选择量程，可直接进入测试步骤，但自动选择量程可能会导致测试数据不稳定）。

图 13-4 "量程"键和"HOLD"指示灯

连续按上下方向键，选择合适的量程。"设置"键左边的"ON"指示灯关闭（如图 13-5 所示）。

图 13-5 "设置"键和"ON"指示灯

总共有 5 个不同的量程可以选择（如图 13-6 所示，注意仪表中的小数点位置）。

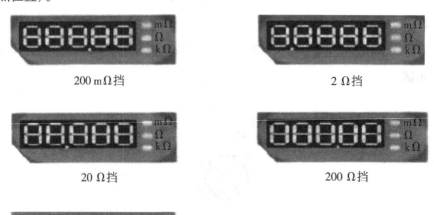

200 mΩ挡   2 Ω挡

20 Ω挡   200 Ω挡

2 kΩ挡

图 13-6 量程

4. 设置分选

设置分选适合在生产或判定多个样品是否合格的情况下使用，一般的测试可以跳过该步骤。

选定量程后，按下"设置"键，按第一下，"设置"键左边的"ON"指示灯开启，设置分选的电阻范围的下限（如图13-7所示），如某产品的电阻值要求在1.8~2.1Ω是合格的，则电阻范围的下限设置为1.8Ω。

图13-7 设置量程的下限

通过左右方向键选择设置数字的百位、十位、个位、十分之一位、百分之一位……通过上下方向键选择设置量程的数值（如图13-8所示）。

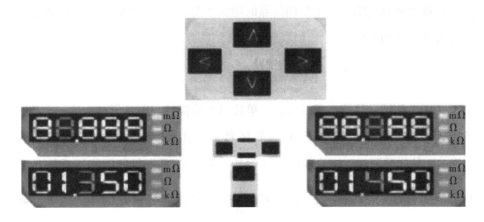

图13-8 设置量程的数值

按第二下"设置"键，"设置"键左边的"ON"指示灯开启，设置分选的电阻范围的上限，如某产品的电阻值要求在1.8~2.1Ω是合格的，则电阻范围的上限设置为 2.1Ω（如图 13-9 所示）。

图 13-9　设置量程的上限

按第三下"设置"键，"设置"键左边的"ON"指示灯关闭，完成分选设置。

5. 测试电阻

以上设置都完成后，就可以开始测试电阻了。根据测试样品的大小选择合适的样品直径修正因子 $F\left(\dfrac{D}{S}\right)$、样品厚度修正因子 $F\left(\dfrac{W}{S}\right)$，具体数据查阅随机手册附表 1 和附表 2（因四探针测试仪的出厂校准有差别，不同测试仪的修正系数略有差别，以所使用仪器的随机手册为准）。最后依据下面的公式计算所测样品的方阻：

$$R_{\square}=R_{\mathrm{X}}\times F\left(\frac{D}{S}\right)\times F\left(\frac{W}{S}\right)\times F_{\mathrm{sp}}$$

式中，D 是样品的直径或边长，单位与平均探针间距 S 保持一致；S 是平均探针间距，单位一般选择 mm，具体数值使用四探针测试头合格证上的 S 值；W 是样品厚度，注意单位与 S 保持一致；F_{sp} 是探针间距修正系数（四探针测试头测试结果上的 F 值）；$F\left(\dfrac{D}{S}\right)$ 是样品直径修正因子，当 $D\rightarrow\infty$ 时，$F\left(\dfrac{D}{S}\right)=4.532$，有限直径下的 $F\left(\dfrac{D}{S}\right)$ 由附表 1 查出；$F\left(\dfrac{W}{S}\right)$ 是样品厚度修正因子，当 $\dfrac{W}{S}<0.4$ 时，$F\left(\dfrac{W}{S}\right)=1$，当 $\dfrac{W}{S}>0.4$ 时，$F\left(\dfrac{W}{S}\right)$ 由附表 2

查出；R_X是电阻测试仪的读数。如测试某品牌 ITO 导电玻璃的电阻读数为 1.845Ω（如图 13 – 10 所示），样品尺寸为 50mm × 50mm，$S = 1$mm，$D =$ 50mm，$W = 180$nm，$\dfrac{W}{S} < 0.4$，由附表 1 查出 $F\left(\dfrac{D}{S}\right)$ 为 4.517，$F\left(\dfrac{W}{S}\right)$ 为 1.000，F_{sp} 为 0.997，所以得出：

$$R_\square = R_X \times F\left(\dfrac{D}{S}\right) \times F\left(\dfrac{W}{S}\right) \times F_{sp}$$

$$= 1.845 \times 4.517 \times 1.000 \times 0.997$$

$$= 8.309\Omega$$

图 13 – 10　某品牌 ITO 导电玻璃的低电阻测试仪读数

6. 实验数据记录及处理

查阅随机手册附表 1 和附表 2，根据测量数据计算样品电阻率；多次测量取平均值，减小测量误差，并分析电阻率测量中误差的来源。

四、问题与思考

（1）为什么要用四探针法测试低电阻？两探针法行不行？为什么？

（2）为什么要求测试样品为正方形，其他形状的样品是否可以？如何用四探针法测量？

（3）测试铜箔或铝箔的电阻，为什么测试数据起伏较大？这和哪些因素有关？

实验十四　拉曼光谱实验

一、实验目的

（1）了解激光显微拉曼光谱仪的基本原理和方法。

（2）了解拉曼光谱图谱的基本特征。

（3）了解样品的拉曼测试要求。

（4）掌握样品的拉曼测试方法。

（5）利用样品的拉曼图谱进行结构及物相分析。

二、实验原理

1. 激光拉曼光谱仪的结构

激光拉曼光谱仪一般由光源、滤光片、狭缝、光栅、检测系统、显微镜、计算机控制与数据分析系统等部分组成（图 14-1 为 HORIBA 公司的 LabRAM HR Evolution 型激光显微拉曼光谱仪实物图）。

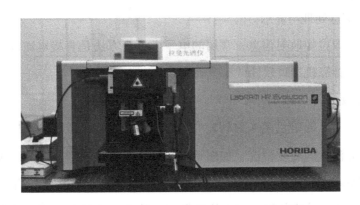

图 14-1　LabRAM HR Evolution 型激光显微拉曼光谱仪

（1）光源。

光源的功能是提供单色性好、功率大并且最好能多波长工作的入射光。在拉曼光谱实验中入射光的强度要稳定，这就要求激光器的输出功率稳定。

激光拉曼光谱对光源最主要的要求是具有单色性。实验室的拉曼光谱仪所使用的激光器有 3 种：一种是固体激光器，其波长为 532nm；另外两种是气体激光器，分别为 633nm 的 He-Ne 气体激光器和 325nm 的 He-Cd 气体激光器。

（2）外光路。

外光路包括聚光、显微镜、滤光和偏振等部件。

（3）色散系统。

色散系统使拉曼散射按波长在空间分开，通常使用色散仪。由于拉曼散射强度很弱，因此要求拉曼光谱仪有很好的杂散光水平。各种光学部件的缺陷，尤其是光栅的缺陷，是仪器杂散光的主要来源。

（4）接收系统。

拉曼散射信号常用的接收系统为 PMT（Photo Multiplier Tube）和 CCD（Charge Coupled Device）。

（5）信息处理与显示。

为了提取拉曼散射信息，常用的电子学处理方法是直接电流放大、选频等，然后用计算机接口软件做出图谱。

2. 拉曼光谱仪相分析的原理

当光束为 v_0 的单色光入射到介质上时，有一部分被散射。根据散射光相对于入射光波数的改变情况，如图 14-2 所示，可将散射光分为两类：第一类是波束基本不变或变化小于 $10^{-5}\,\mathrm{cm}^{-1}$ 的散射，称为瑞利散射；第二类是波束变化大于 $1\,\mathrm{cm}^{-1}$ 的散射，称为拉曼散射。从散射光的强度看，瑞利散射最强，拉曼散射最弱。

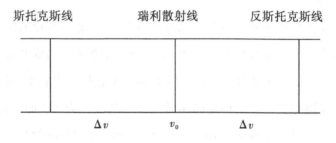

图 14-2　散射光分类

在量子理论中，把拉曼散射看作光量子与分子相碰撞时产生的非弹性碰撞过程。当入射的光量子与分子相撞时，可以是弹性碰撞的散射，也可以是非弹性碰撞的散射。在弹性碰撞过程中，光量子与分子均没有能量交换，于是它的频率保持恒定，这叫瑞利散射；在非弹性碰撞过程中，光量子与分子有能量交换，光量子转移一部分能量给散射分子，或者从散射分子中吸收一部分能量，从而使它的频率改变，它取自或给予散射分子的能量只能是分子两定态之间的差值 $\Delta E = E_1 - E_2$。当光量子把一部分能量交给分子时，光量子则以较小的频率散射出去，称为频率较低的光（斯托克斯线），散射分子接收的能量转化为分子的振动或转动能量，从而处于激发态 E_1，这时光量子的频率为 $v' = v_0 - \Delta v$；当分子已经处于振动或转动的激发态 E_1 时，光量子则从散射分子那里取得了能量 ΔE，以较大的频率散射，称为频率较高的光（反斯托克斯线），这时光量子的频率为 $v' = v_0 + \Delta v$。如果考虑到更多的能级上分子的散射，则产生更多的斯托克斯线和反斯托克斯线。

反斯托克斯线和斯托克斯线对称地分布在瑞利散射线两侧，反斯托克斯线的强度比斯托克斯线的强度又要小很多，因此并不容易观察到反斯托克斯线的出现，但反斯托克斯线的强度会随着温度的升高而迅速增大。斯托克斯线和反斯托克斯线通常称为拉曼线，其频率表示为 $v_0 + \Delta v$，Δv 称为拉曼频移，这种频移和激发线的频率无关，以任何频率激发这种物质，拉曼线均能伴随出现。拉曼频移恰好等于分子处于振动基态 E_0 和激发到激发态 E_1 时的能量差。拉曼频移取决于分子振动能级的变化，不同的化学键或基态有不同的振动方式，决定了其能级间的能量差，因此，与之对应的拉曼频移具有"指纹"特征，如图 14-3 所示。这是拉曼光谱进行分子结构定性分析的理论依据。同时，外界条件的变化对分子结构和运动产生程度不同的影响，所以拉曼光谱也常被用来研究物质的浓度、温度和压力等效应。

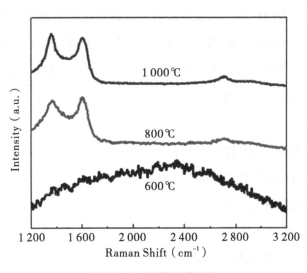

图 14-3　拉曼光谱实例

三、实验步骤

1. 仪器与试剂

本实验使用的仪器与试剂有 HORIBA 激光显微拉曼光谱仪（LabRAM HR Evolution 型）、样品、载玻片、夹子、剪刀、酒精等。

2. 制样方法

由于拉曼测量可实行无损伤直接测量，因此，有些送往实验室供检验的样品可以不必制样，直接用作试样进行测量。

（1）液体试样。

测液体试样时，用滴管吸取一至两滴滴到载玻片上，对于易挥发的或者有腐蚀性的样品，应将其注入毛细管密封后再进行测量。易光解的样品装入旋转装置的样品池中，利用样品架旋转调节样品。深色液体或透明度很低的样品，宜稀释后再进行测量。

（2）固体试样。

对于表面光滑的样品，如石英玻璃片表面镀膜的测试等，直接作为试样进行测量，而粉末样品需要用药匙取微量试样置于载玻片上，并压制成平整的平面，对于不平整的块状样品可将样品的一个面制成光滑平面后再测量。

3. 拉曼光谱仪的基本操作步骤

（1）开机。

①开启总电源开关及稳压器开关。

②依次开启自动平台控制器、电脑等电源。

③开启激光器开关。

④打开 LabSpec 6 软件。

⑤CCD 制冷（如图 14-4 所示）。

鼠标点击底部状态栏"Detector"或显示的温度，选择"Cool to operating temperature"

图 14 – 4 CCD 制冷

⑥待 CCD 温度稳定后（"Detector"显示绿色），利用硅片校准光谱仪。

（2）样品聚焦。

聚焦完毕后，点击图标 停止白光图像采集。

（3）参数设置。

Acquisition→Acquisition parameters 选项：

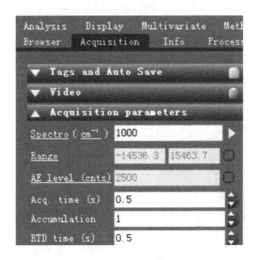

图 14 – 5 Acquisition parameters 选项设置

Spectro（cm^{-1}）：在 RTD（实时显示采集）和单窗口采集模式下使用，输入光栅中心位置后回车，光谱将以设置的值为中心采一段谱（采谱范围与激发波长及光栅有关）。

Range：若"Range"右边的方框没有被激活，则是单窗口采集模式；激活"Range"右边方框使其呈绿色，然后输入采谱范围，如100~4 000。

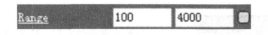

图 14 -6　Range 参数设置

Acq. time(s)：单次采谱曝光时间。曝光时间越长，信号越强，但要注意避免信号饱和（信号强度须小于60 000）。

Accumulation：循环次数。次数越多，光谱越平滑。

RTD time(s)：实时采集曝光时间。

Acquisition→Instrument setup 选项：

图 14 -7　Instrument setup 选项设置

Objective：通常表面光滑的固体样品选用 ×100 物镜，液体样品选择低倍物镜。如果样品表面粗糙，则选择长焦物镜。

Grating：选择合适的光栅，数值越大，光谱分辨率越高，能区分更多的细节峰，但信号强度会变小，可根据样品信号特征选择合适的刻线数光栅。

Filter：通常可以选择"－－－"即不衰减到达样品的激光功率，但如果样品对激光敏感或易被灼伤时，可以根据信号的强弱及样品选择适当级别的衰减片（有多级可选，如10%代表激光功率衰减至全功率的10%）。

Laser：根据样品选择合适的激发波长。若样品有荧光，可选择不同激发波长，避开荧光干扰；若要测表面几纳米到几百纳米的膜，可选择紫外激光器。

Slit：一般设为100；若仪器是紫外或近红外系统，则没有 Slit 选项。

Hole：跟空间分辨率有关，设置为共焦状态时（可见 HR 系统：200μm；紫外/近红外 HR 系统：50μm；XploRA 系统：100μm），空间分辨率更高。若样品比较均匀，不追求空间分辨率，则可以把孔开大（可见 HR 系统：400μm；紫外/近红外 HR 系统：200μm；XploRA 系统：300μm）。

（4）光谱采集。

设置好参数后，点击图标 ⬤ 进行光谱采集，采集到的光谱会出现在 spectra 窗口中。

（5）保存结果。

（6）关机。

①CCD 升温（如图 14－8 所示）。

鼠标点击底部状态栏"Detector"或显示的温度，选择"Warm to ambient temperature"

图 14－8　CCD 升温

②待CCD温度回升到20℃左右后（"Detector"显示橙色），关闭LabSpec 6软件。

③关闭激光器。

④依次关闭电脑、自动平台控制器等，关闭稳压器电源和总电源开关。

四、问题与思考

（1）简述拉曼光谱仪相分析的原理。

（2）总结样品测试进行之前、完成之后的拉曼光谱仪操作注意事项。

（3）进行样品测试时，拉曼光谱仪激光源及其能量的选择根据是什么？物镜镜头的选择根据是什么？对样品进行聚焦有哪些常用的技巧？

本实验参考文献

WU Z, GUO Y, HUANG R, et al. A fast transfer-free synthesis of high-quality monolayer graphene on insulating substrates by a simple rapid thermal treatment [J]. Nanoscale, 2016 (5).

实验十五　荧光光谱实验

一、实验目的

（1）了解荧光光谱仪的构造和各组成部分的作用。

（2）掌握荧光光谱仪的工作原理。

（3）掌握发射光谱、激发光谱及余辉衰减曲线的测试方法。

二、实验原理

1．基本概念

（1）发射光谱。

发射光谱是指发光的能量按波长或频率的分布。通常实验测量的是发光的相对能量。发射光谱中，横坐标为波长（或频率），纵坐标为发光相对强度。

发射光谱常分为带谱和线谱，有时也会出现既有带谱又有线谱的情况。

（2）激发光谱。

激发光谱是指发光的某一谱线或谱带的强度随激发光波长（或频率）变化的曲线。横坐标为激发光波长，纵坐标为发光相对强度。

激发光谱反映不同波长的光激发材料产生发光的效果，既表示发光的某一谱线或谱带可以被什么波长的光激发、激发的本领是大还是小，也表示用不同波长的光激发材料时，使材料发出某一波长光的效率。

（3）余辉衰减曲线。

余辉衰减曲线是指激发停止后，发光强度随时间变化的曲线。横坐标为时间，纵坐标为发光强度（或相对发光强度）。

2. 荧光光谱仪

激发光谱、发射光谱及余辉衰减曲线的测试采用 HORIBA Jobin Yvon Fluorolog - 3 型荧光光谱仪。

从 150W 氙灯光源发出的紫外—可见光经过激发单色器分光后，再经分束器照到样品表面，样品受到该激发光照射后发出的荧光经发射单色器分光，再经荧光端光电倍增管倍增后，由探测器接收。另有一个光电倍增管位于监测端，用以倍增激发单色器分出的经分束后的激发光。

光源发出的紫外—可见光或者红外光经过激发单色器分光后，照到荧光池中的被测样品上，样品受到该激发光照射后发出的荧光经发射单色器分光，由光电倍增管转换成相应的电信号，再经放大器放大反馈进入 A/D 转换单元，将模拟电信号转换成相应的数字信号，记录在电脑中。

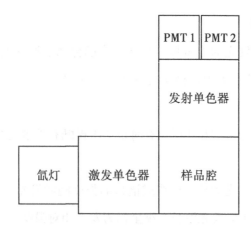

图 15 - 1　荧光光谱仪基本原理图

图 15 - 2　HORIBA Jobin Yvon Fluorolog - 3 型荧光光谱仪

图 15 - 3　样品夹具实物图

三、实验步骤

1. 样品制备

粉末样品：装入专用样品架，压平，盖上石英玻璃片并固定后放入测试仓中。

液体样品：液体样品应放入专用的液体样品槽，固定到样品座中。

石英样品：可直接放入测试仓中。

2. 测试过程

（1）开机前准备。

①实验室温度应保持在15℃～30℃，空气湿度应低于75%。

②确认样品室内无样品后，盖好样品室盖子。

（2）开机。

①打开设备电源开关（氙灯自动点亮，预热20min）。

②打开电脑，双击桌面上的荧光光谱软件，进入工作站，等待光谱仪自检。仪器依次检测 ROM、RAM、EEPROM 激发狭缝、发射狭缝、激发单色器、发射单色器和基线，初始化完成后，进入测试界面。

（3）装样。

将样品处理为粉末状，装入样品槽，为防止样品脱落，可加盖载玻片；将样品槽装入样品室，盖好样品室盖子。

（4）测试发射光谱。

①点击菜单中的"Menu"按钮，选择"Spectral"项目中的"Emission"。

②设置单色器［M：设置激发光波长（如460nm）、发射波长扫描范围（如470～700nm）和狭缝宽度（一般可设置为1～5nm）］，荧光强度大，狭缝宽度要调小。

③设置检测器（Detector：Formulars），选择公式 S1。

④点击右下角的"RUN"开始测量。

（5）测试激发光谱。

①点击菜单中的"Menu"按钮，选择"Spectral"项目中的"Excitation"。

②设置单色器［M：设置检测波长（如625nm）、发射波长扫描范围（如380～500nm）和狭缝宽度（一般可设置为1～5nm）］，荧光强度大，狭缝宽度要调小。

③设置检测器（Detector：Formulars），选择公式S1/R1。

④点击右下角的"RUN"开始测量。

（6）测试余辉衰减曲线。

①点击菜单中的"Menu"按钮，选择"Kinetics"，关闭PMT处的插销，使光不能进入。

②设置单色器［M：设置激发波长（如254nm）、发射波长（如520nm）和狭缝宽度（如5nm）］，荧光强度大，狭缝宽度要调小。

③设置间隔时间（如0.5s）和总时间。

④设置检测器（Detector：Formulars），选择公式S1。

⑤点击右下角的"RUN"开始测量，到达设定激励时间后关闭挡板，拔出PMT处的插销，开始测量余辉衰减图。

⑥修改名称并保存文件。

⑦关闭设备。

四、问题与思考

（1）在测试激发光谱时，检测器为什么选择公式S1/R1，而不选择公式S1？

（2）在测试长余辉时，余辉衰减曲线已经开始测量，此时是否可以关闭氙灯？为什么？（注：在不考虑氙灯保护的情况下）

（3）如果测出的发射光谱边缘不够光滑，可能是什么原因导致的？

附图

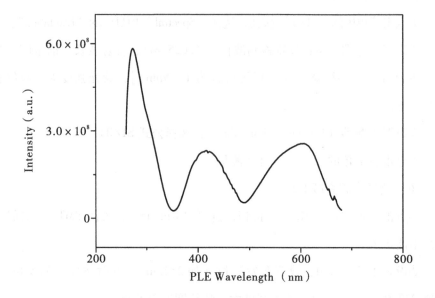

图 15 - 4　激发光谱

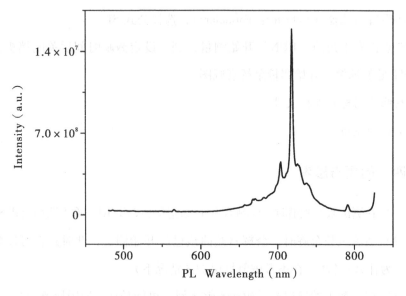

图 15 - 5　发射光谱

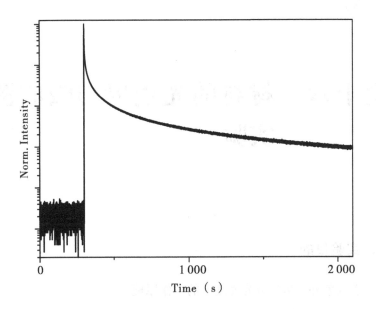

图 15 - 6 长余辉衰减谱

实验十六　材料的光透射与吸收测量实验

一、实验目的

（1）掌握紫外—可见分光光度计的工作原理。

（2）熟悉紫外—可见分光光度计的基本原理并掌握其基本使用方法。

（3）初步掌握利用吸收谱计算薄膜厚度的方法。

二、实验原理

1. 基本概念

（1）透射率。

透射是入射光经过折射穿过物体后的出射现象。被透射的物体为透明体或半透明体，如玻璃、滤色片等。若透明体是无色的，除少数光被反射外，大多数光均透过物体。为了表示透明体透过光的程度，通常用透过后的光通量与入射光通量之比 τ 来表征物体的透光性质，τ 称为透射率。

（2）吸收率。

吸收率是指投射到物体上而被吸收的热辐射能与投射到物体上的总热辐射能之比。这是针对所有波长而言的，应称为全吸收率。

（3）利用透射谱计算薄膜厚度（Tauc 法）。

根据薄膜干涉原理，同一波长的光透射过不同厚度的薄膜会发生增强干涉和相消干涉，例如在光学仪器上镀上增反膜或增透膜，从而提高仪器的光学性能。紫外—可见分光光度计测量同一待测薄膜样品在不同波长下的透射谱，波长范围从 250nm 变化至 2 500nm。由图 16－1 可以看出，在谱线上出现透射极大和极小的振荡，其中 T_M、T_m 分别是某波长透射光干涉条纹的最大值、最小值，通过理论分析，可以通过"式（1）"计算出该波长的透射率。

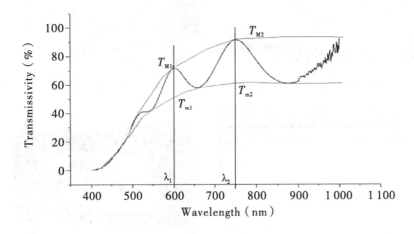

图 16－1　透射谱

$$n = \left[N + (N^2 - s^2)^{1/2} \right]^{1/2} \quad \cdots\cdots\cdots\cdots\cdots\cdots\cdots\cdots\cdots\cdots\cdots （1）$$

其中，$N = 2s\dfrac{T_M - T_m}{T_M T_m} + \dfrac{s^2 + 1}{2}$，$s$ 为衬底透射率。

利用相邻波峰或波谷处的折射率及波长，可粗略地计算薄膜厚度。

$$d = \frac{\lambda_1 - \lambda_2}{2\,(\lambda_1 n_2 - \lambda_2 n_1)} \quad \cdots\cdots\cdots\cdots\cdots\cdots\cdots\cdots\cdots\cdots\cdots （2）$$

再利用公式 $2nd = m\lambda$ 进行修正（因为 m 只能取整数或者半整数），即可得薄膜厚度。

2. 紫外—可见分光光度计的基本原理

紫外—可见分光光度计采用上海天美科学仪器有限公司的 UV2310 Ⅱ 型紫外—可见分光光度计，如图 16 - 2 所示。

（a）UV2310 Ⅱ 型紫外—可见分光光度计 　　（b）带电脑操作的紫外—可见分光光度计

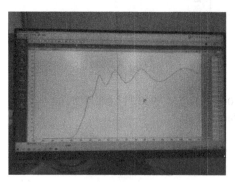

（c）紫外—可见分光光度计操作软件 　　（d）紫外—可见分光光度计样品腔

图 16 - 2　UV2310 Ⅱ 型紫外—可见分光光度计

紫外—可见分光光度计的基本光路结构，如图 16 - 3 所示。

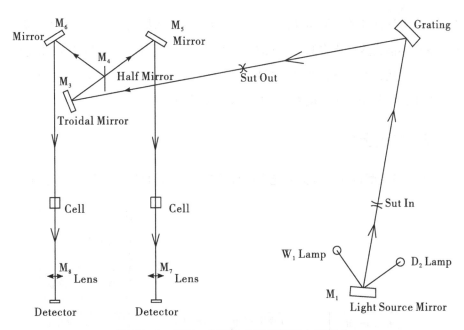

图16-3　紫外—可见分光光度计基本原理图

从光源灯（W_1、D_2）发射出来的复色光，经过灯源反射镜（图中的 Light Source Mirror）反射后，通过进光狭缝（图中的 Sut In）进入分光系统，被分光系统中的凹面光栅（图中的 Grating）色散成单色光。从分光系统中射出的单色光通过出光狭缝（图中的 Sut Out）及滤色片系统后，进入分束系统。在分束系统中，单色光通过准直反射镜（图中的 M_3，Troidal Mirror）准直后，再被半透半反镜（图中的 M_4，Half Mirror）分成测量光束和参比光束。测量光束通过反射镜（图中的 M_6，Mirror）反射后，透过样品室内的样品池（图中的 Cell）及透镜（图中的 M_8，Lens）后，射入由光电池等组成的光电转换器（图中的 Detector），并被转换成电信号。参比光束通过反射镜（图中的 M_5，Mirror）反射后，透过样品室内的参比池（图中的 Cell）及透镜（图中的 M_7，Lens）后，也射入由光电池等组成的光电转换器（图中的 Detector），并被转换成电信号。将同一光源的光分别通过参比样品和待测样品，通过狭缝的同时到达接收系统，经过电路的比较处理，得到所需的测量数据。参比光束的信号被用于背景扣除，采用这一方法使仪器的测量速度和稳定性得到极大的提高，可以完成单光束分光光度计不能完成的许多测量。光源分出的光经过单色仪后，调节连动遮光板，使其光强一致，通过参比池（无样品）的光线与通过样品池（有样品）的光线进行对比，检测光强比，从而得出透射率或吸收率。

三、实验步骤

UV2300 II 型紫外—可见分光光度计的操作画面的组成如图 16 - 4 所示。

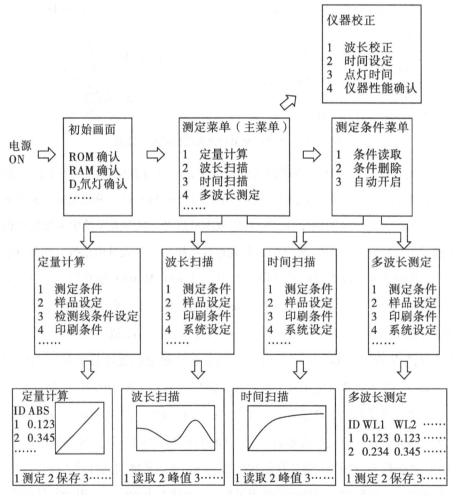

图 16 - 4　UV2300 II 型紫外—可见分光光度计操作画面的组成示意图

本实验主要采用波长扫描功能测试相关材料,样品材料包括普通玻璃、石英、石英衬底的发光薄膜材料等。可根据实际情况自制待测材料,如不同颜色的透光塑料片、玻璃片,旋涂在石英上的防晒霜等。

紫外—可见分光光度计的使用步骤如下:

(1)打开总电源、仪器电源,启动电脑,打开测量软件。

(2)仪器启动完毕后点击软件面板上的"连接"按钮。

(3)程序和仪器连接自检,系统初始化。

(4)初始化完毕,从软件左侧功能菜单的波长扫描、时间扫描、定点测量和定量测量中选择需要测量的功能,本实验采用波长扫描,可根据实际情况使用其他功能。

(5)点击"设置",在小窗口设定好相关参数。

①常规信息:可以输入公司名称、操作员及仪器的机身编号。

②仪器的系统参数如下:

A. 数据模式:波长扫描的数据模式的 4 个选项为% T、ABS、E(S)、E(R)[UV1100 系列没有 E(R)]。

B. 狭缝宽:暂不可选。

C. 灯源方式:自动、氘灯、钨灯。

D. 灯源开关状态:选中该选项时表示氘灯或钨灯的状态为开,反之为关。

E. 切换波长:当灯源方式为自动时,切换波长的可输入范围是 325 ~ 370nm。

F. 响应速度:快速、中速、慢速。

G. 基线:系统基线、用户 1 基线、用户 2 基线。

H. 光程校正光程范围为 0.1 ~ 100mm,光程校正是指数据模式为 ABS 时,ABS 值以光程长 10mm 为标准进行换算,校正值 =(测量值 × 10)/光程长。例如，ABS 测量值为 1，当光程长为 5mm 时，ABS 校正值为 2；当光程长为 20mm 时，ABS 校正值为 0.5。可以选择是否使用光程校正，打钩为选择使用，不打钩则不使用。

I. 延时时间：可输入范围为 0～200s。

J. 小数位数。

（6）盖好测量室滑盖，避免外界光线进入，点击软件面板上的"基线"按钮进行基线扫描。

（7）扫描完毕，根据测量需要选择正确的样品架，装好样品，盖好滑盖。

（8）确认参数设置正确，点击"开始"按钮进行光谱测量。

（9）光谱测量结束后，修改文件名，选择路径保存本次数据。

（10）结束时，点击"断开"，关闭仪器电源。

（11）拷贝数据，关闭测量软件、电脑、总电源。

（12）计算薄膜厚度。

四、问题与思考

（1）通过本次实验，解释为什么发光薄膜材料使用石英做衬底而不用普通玻璃。

（2）根据实验结果，简单解释相应样品在不同波段透射率（或反射率）较高或较低的原因。

附图

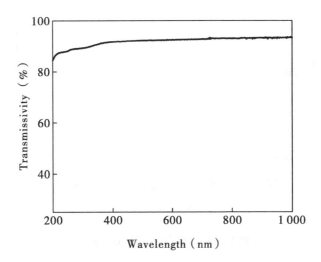

图 16 - 5　石英的透射谱

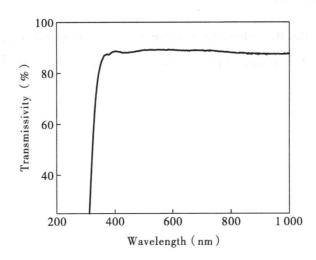

图 16 - 6　玻璃的透射谱

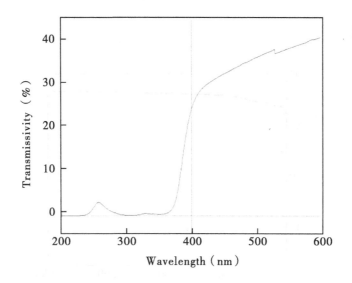

图16-7 某品牌防晒霜的透射谱

本实验参考文献

SWANEPOEL R. Determination of the thickness and optical constants of amorphous silicon [J]. Journal of physics E：scientific instruments, 1983 (12).

实验十七　傅立叶红外光谱实验

一、实验目的

（1）了解傅立叶红外光谱仪的工作原理。

（2）了解傅立叶红外光谱一般制样方法。

（3）掌握傅立叶红外光谱仪的操作使用方法。

二、实验原理

1. 傅立叶红外光谱仪的结构

傅立叶红外光谱仪，英文名称为 Fourier transform infrared spectrometer，简写为 FTIR spectrometer，主要由红外光源、光阑、干涉仪（分束器、动镜、定镜）、样品室、检测器以及各种红外反射镜、激光器、控制电路板和电源组成（图 17 - 1 为 Shimadzu IR Affinity - 1s 型傅立叶红外光谱仪），可以对样品进行定性和定量分析。

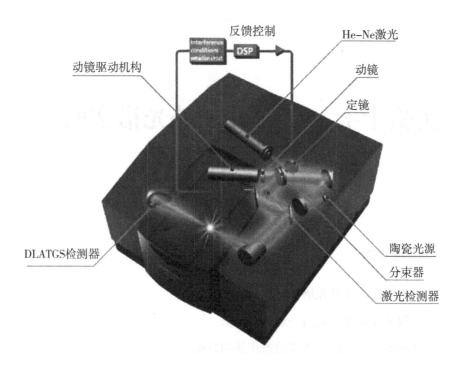

图 17 -1　Shimadzu IR Affinity -1s 型傅立叶红外光谱仪

2. 傅立叶红外光谱仪的基本原理

　　傅立叶红外光谱仪的基本原理如图 17 -2 所示，光源发出的光被分束器（类似半透半反镜）分为两束，一束经透射到达动镜，另一束经反射到达定镜。两束光分别经动镜和定镜反射再回到分束器，动镜以一恒定速度做直线运动，经分束器分束后的两束光形成光程差，产生干涉。干涉光在分束器会合后通过样品池，通过样品后，含有样品信息的干涉光到达检测器，然后通过傅立叶变换对信号进行处理，最终得到透射率或吸光度随波数或波长的红外吸收光谱图（图 17 -3 为傅立叶红外光谱实例）。

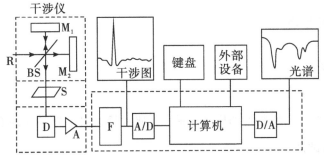

R：红外光源；M₁：定镜；M₂：动镜；BS：光束分裂器；S：试样；
D：探测器；A：放大器；F：滤光器；A/D：模数转换器；D/A：数模转换器

图 17 - 2　傅立叶红外光谱仪的工作原理

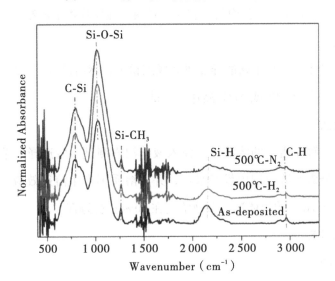

图 17 - 3　傅立叶红外光谱实例

3. 应用范围

对样品进行定性和定量分析，一般适用于对有机物、无机物、聚合物、蛋白质二级结构、包裹体、微量样品的分析。此外，通过仪器配备的光谱库，可以对未知物样品光谱进行检索，对混合物样品进行剖析。其广泛应用于医药化工、地矿、石油、煤炭、环保、海关、宝石鉴定、刑侦鉴定等领域。

三、实验步骤

1. 制样方法

（1）一般注意事项。

在定性分析中，所制备的样品使最强的吸收峰透射率为 10% 左右。

（2）固体试样。

①压片法。

取 1～2mg 样品在玛瑙研钵中研磨成细粉末与干燥的 KBr 粉末（约 100mg，粒度 200 目）混合均匀，装入模具内，在压片机上压制成片测试。

②糊状法。

在玛瑙研钵中，将干燥的样品研磨成细粉末，然后滴入 1～2 滴液体石蜡混研成糊状，涂于 KBr 或 NaCl 晶片上测试。

③溶液法。

把样品溶解在适当的溶液中，注入液体池内测试。所选择的溶剂应不腐蚀池窗，在分析波数范围内没有吸收，并对溶质不产生溶剂效应。一般使用液体厚度为 0.1mm 的液体池，溶液浓度在 10% 左右为宜。

（3）液体样品。

①液膜法。

油状或黏稠液体，直接涂于 KBr 晶片上测试。流动性大、沸点低（≤100℃）的液体可夹在两块 KBr 晶片之间或直接注入液体厚度适当的液体池内测试。

②水溶液样品。

可用有机溶剂萃取水中的有机物，然后将溶剂挥发干，所留下的液体涂于 KBr 晶片上测试；固体则用 KBr 压片法测试。应特别注意含水的样品不能直接注入 KBr 或 NaCl 液体池内测试。

（4）气体样品。

直接注入气体池内测试。

（5）塑料、高聚物样品。

①溶液涂膜。

把样品溶于适当的溶剂中，然后将溶液一滴一滴地加在 KBr 晶片上，待溶剂挥发后用留在晶片上的液膜进行测试。

②溶液制膜。

把样品溶于适当的溶剂中，制成稀溶液，然后倒在玻璃片上，待溶剂挥发后形成一层薄膜（厚度为 0.01 ~ 0.05mm），用刀片将其剥离。薄膜不易剥离时，可连同玻璃片一起浸在蒸馏水中，待水将薄膜湿润后便可剥离。使用这种方法，溶剂不易除去，可把制好的薄膜放置 1 ~ 2 天后再进行测试。或用沸点低的溶剂萃取掉残留的溶剂，这种溶剂不能溶解高聚物，但能和原溶剂混溶。

（6）其他试样。

对于一些特殊样品，如双抛本征硅片表面镀膜的测试等，则要采用本征硅片作为背景。

2. 实验仪器操作步骤

（1）开启傅立叶红外光谱仪。

①开启傅立叶红外光谱仪的电源。

②开启计算机，进入 Windows 操作系统。

（2）双击启动 LabSolutions 软件。

①点击"确定"按钮。

②选择菜单中的仪器选项。

③选择仪器选项中的"LENOVOZ"项双击，启动 LabSolutions 软件。

④选择"光谱扫描"。

⑤计算机开始和红外光谱仪联机。如果选择（环境）菜单下的仪器的初始化选项，那么当 IRsolution 运行时，计算机开始对傅立叶红外光谱仪初始化。

（3）图谱扫描。

①参数设置。

A. 可以设置扫描参数的扫描参数窗口包括四栏："数据""仪器""详细"和"高级"，点击每栏都可以显示相应的栏目。

B. 数据栏：设置测量模式为透射比，设置变迹函数为 Happ – Genzel，设置扫描次数为 1 ~ 400 次，设置仪器为 40 次，设置分辨率为 4，设置记录范围为 $400 \sim 4\,000\mathrm{cm}^{-1}$。

②图谱样品信息的输入。

A. 保存路径的选择：点击"…"选择保存路径，例如 20210214，选择的保存路径为"E:\FTIR\20210214"。这一步意义重大，以后我们要查历史图谱就直接去 E 盘的 FTIR 文件夹中查找即可。

B. 完善样品名称、样品 ID 等信息。

③扫描。

A. 背景扫描：点击"背景扫描"按钮进行背景扫描，扫描时背景架不能放有样品，当然有时需要放置空白样品进行背景扫描，如果做压片，则需要用纯溴化钾压片做背景，如做双抛本征硅片表面镀膜的测试，需要用干净的双抛本征硅片做背景。

B. 样品扫描：首先把样品放入样品室，点击"样品扫描"按钮进行样品测试，测试完成后可以自动得到图谱。

（4）图谱显示与处理。

①图谱显示。

A. 在测量模式下，用鼠标右键点击右上角"打开"按钮可以查看以前保存过的图谱。

B. 用鼠标拖曳可以放大图谱的任何地方，也可以用鼠标菜单进行其他操作。

C. 透过图谱和吸收图谱的转换，可以用鼠标右键点击菜单中的"Y轴设置"进行转换。

②图谱处理。

A. 在图谱的顶部处理菜单中选择"峰检测"，然后在右边峰检测视图中的"噪声""阀值"右边各输入一个数值，点击"计算"按钮显示吸收峰检测结果。

B. 若要在图谱中标记峰的位置，依然是在右边峰检测视图中，在"手动检峰"前面点击打钩，然后鼠标移动到相应位置点击，再点击"计算"按钮确定。

C. 打印预览时若不满意峰形，在图谱处理状态下，点击鼠标右键，在菜单中点击"标尺"可以进行 X 轴、Y 轴的搜索和伸展。

D. 其他处理功能：

平滑：可以用该功能滤除噪音。

连接：可以用该功能去除已知的干扰峰，两点之间用直线连接。

截断：可以用该功能图谱的任意部分进行分析。

（5）关闭系统。

①确保已经保存所有必要的 LabSolutions 数据。

②执行文件菜单中的退出命令退出 LabSolutions 软件。

③退出 Windows 系统，关闭计算机。

④关闭红外光谱仪主机右前方的开关。

⑤保持电源和红外系统相接，进行系统内部干燥。

四、问题与思考

（1）简述傅立叶红外光谱仪的基本原理。

（2）扫描时，背景架什么情况下不能放样品？什么情况下需要放置空白样品进行背景扫描？

本实验参考文献

LIN Z，HUANG R，ZHANG Y，et al. Defect emission and optical gain in SiC_xO_y：H films［J］. ACS applied materials and interfaces，2017（27）.

实验十八　太阳能电池伏安特性测量

一、实验目的

（1）了解太阳能电池的工作原理及其应用。

（2）测量太阳能电池的伏安特性曲线。

二、实验原理

1．太阳能电池的结构

以晶体硅太阳能电池为例，其结构示意图如图 18−1 所示。晶体硅太阳能电池以硅半导体材料制成大面积 PN 结进行工作。一般采用 N^+/P 同质结的结构，即在约 $10cm \times 10cm$ 面积的 P 型硅片（厚度约 $500\mu m$）上用扩散法制作出一层很薄（厚度约 $0.3\mu m$）的、经过重掺杂的 N 型层。然后在 N 型层上面制作金属栅线，作为正面接触电极。在整个背面也制作金属膜，作为背面欧姆接触电极。这样就形成了晶体硅太阳能电池。为了减少光的反射损失，一般在整个表面上再覆盖一层反射防止膜。

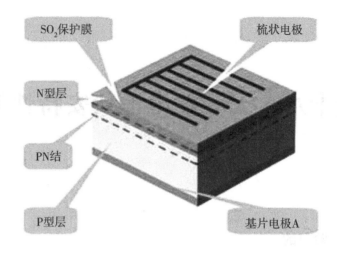

图 18 –1　太阳能电池结构示意图

2. 光伏效应

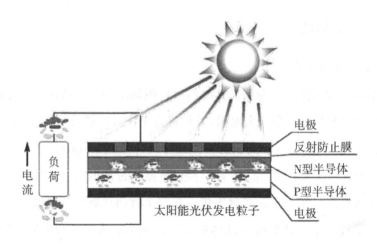

图 18 –2　太阳能电池发电原理示意图

当光照射在距太阳能电池表面很近的 PN 结时，只要入射光子的能量大于半导体材料的禁带宽度 E_g，则在 P 区、N 区和结区，光子被吸收，产生电子—空穴对。那些在 PN 结附近 N 区中产生的少数载流子由于存在浓度梯度而要扩散。只要少数载流子离 PN 结的距离小于它的扩散长度，总有一定概率扩散到结界面处。在 P 区与 N 区交界面的两侧即结区，存在一个空间电荷区，也称为耗尽区。在耗尽区中，正负电荷间形成一电场，电场方向由 N 区指向 P 区，这个电场称为内建电场。这些扩散到结界面处的少数载流子（空穴）在内建电场的作用下被拉向 P 区。同样，在结附近 P 区中产生的少数载流子（电子）扩散到结界面处，也会被内建电场迅速拉向 N 区。结区内产生的电子—空穴对在内建电场的作用下分别移向 N 区和 P 区。如果外电路处于开路状态，那么这些光生电子和空穴积累在 PN 结附近，使 P 区获得附加正电荷，N 区获得附加负电荷，这样在 PN 结上产生一个光生电动势。这一现象称为光伏效应（Photovoltaic Effect）。

3. 太阳能电池的表征参数

太阳能电池的工作原理基于光伏效应。当光照射太阳能电池时，将产生一个由 N 区到 P 区的光生电流 I_{ph}。同时，由于 PN 结二极管的特性，存在正向二极管电流 I_D，此电流方向是从 P 区到 N 区，与光生电流相反。因此，实际获得的电流 I 为：

$$I = I_{ph} - I_D = I_{ph} - I_0\Big[\exp\Big(\frac{qU_D}{nk_BT}\Big) - 1\Big] \quad\text{……………………………}(1)$$

式中，U_D 为结电压，I_0 为二极管的反向饱和电流，I_{ph} 为与入射光的强度成正比的光生电流，其比例系数是由太阳能电池的结构和材料的特性决定的。n 为理想系数（n 值），是表示 PN 结特性的参数，通常在 $1 \sim 2$ 之间。q 为电子电荷，k_B 为玻耳兹曼常量，T 为温度。如果忽略太阳能电池的串联电阻 R_s，U_D 即为太阳能电池的端电压 U，则"式（1）"可写为：

$$I = I_{ph} - I_0\Big[\exp\Big(\frac{qU}{nk_BT}\Big) - 1\Big] \quad\text{………………………………}(2)$$

当太阳能电池的输出端短路时，$U = 0$（$U_D \approx 0$），由"式（2）"可得到短路电流 $I_{sc} = I_{ph}$，即太阳能电池的短路电流等于光生电流，与入射光的强度成正比。当太阳能电池的输出端开路时，$I = 0$，由"式（2）"可得到开路电压 U_{oc}：

$$U_{oc} = \frac{nk_BT}{q}\ln\left(\frac{I_{sc}}{I_0} + 1\right) \quad \cdots\cdots\cdots\cdots\cdots\cdots\cdots\cdots\cdots (3)$$

当太阳能电池接上负载 R 时，所得的负载伏安特性曲线如图 18 - 3 所示。负载 R 可以从 0 到无穷大。当负载 R_m 使太阳能电池的功率输出为最大时，它对应的最大功率 P_m 为：

$$P_m = I_mU_m \quad \cdots\cdots\cdots\cdots\cdots\cdots\cdots\cdots\cdots\cdots\cdots\cdots\cdots\cdots\cdots\cdots (4)$$

式中，I_m 和 U_m 分别为最佳工作电流和最佳工作电压。将 U_{oc} 和 I_{sc} 的乘积与最大功率 P_m 之比定义为填充因子 FF：

$$FF = \frac{P_m}{U_{oc}I_{sc}} = \frac{U_mI_m}{U_{oc}I_{sc}} \quad \cdots\cdots\cdots\cdots\cdots\cdots\cdots\cdots\cdots\cdots\cdots (5)$$

FF 为太阳能电池的重要表征参数，FF 越大，则输出的功率越高。FF 取决于入射光强、材料的禁带宽度、理想系数、串联电阻和并联电阻等。

将太阳能电池的转换效率 η 定义为太阳能电池的最大输出功率与照射到太阳能电池的总辐射能 P_{in} 之比，即：

$$\eta = \frac{P_m}{P_{in}} \times 100\% \quad \cdots\cdots\cdots\cdots\cdots\cdots\cdots\cdots\cdots\cdots\cdots\cdots (6)$$

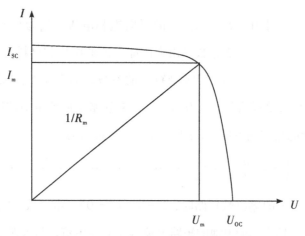

图 18 - 3　太阳能电池的伏安特性曲线

4. 太阳能电池的等效电路

太阳能电池可用 PN 结二极管 D、恒流源 I_{ph}、太阳能电池的电极等引起的串联电阻 R_s 和相当于 PN 结泄漏电流的并联电阻 R_{sh} 组成的电路来表示，如图 18 -4 所示，该电路为太阳能电池的等效电路。

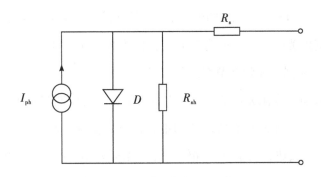

图 18 -4　太阳能电池的等效电路图

由等效电路图可以得出太阳能电池两端的电流和电压的关系为：

$$I = I_{ph} - I_0 \left\{ \exp\left[\frac{q(U + R_s I)}{nk_B T}\right] - 1 \right\} - \frac{U + R_s I}{R_{sh}} \quad\cdots\cdots\cdots\cdots\cdots (7)$$

为了使太阳能电池输出更大的功率，必须尽量减小串联电阻 R_s，增大并联电阻 R_{sh}。

三、实验步骤

本实验使用的是 NEWPORT Oried IQE -200 型测试系统。

1. 开机

（1）开光源。

（2）检查状态（确定没有报警），确定预设功率（按"set/enter"按钮检查）。

（3）开灯，按"start lamp"按钮，灯正常开启并稳定到预设功率。如果未能开启，再次按住"start lamp"按钮，直到开启，如果 10s 内没有点亮，松开按钮，再次启动。如果还不能开启，需要更换新灯（灯的寿命为 500 ~ 1 000h，不同使用情况和环境都会对其实际寿命造成影响）。

2. 校准光强

（1）开灯后稳定 15 ~ 20min。

（2）打开"shutter"，标准电池置于有效区域。读取光强数据，面板显示单位为太阳光的光强值。一般为 1sun（太阳指数）±0.01 即可。

（3）调节光强。光强调节有三种方式：

①调节旋钮：太阳光模拟器机身上自带旋钮，可以调节光强。

②电源微调：光强和需要值差别不大，只需要调节驱动电源功率值，长按"set/enter"按钮，功率进入编辑状态，光标闪动，按上、下键调节数值，按左、右键移动光标。查看标准电池读数，调节到位按"set/enter"按钮确认。

③粗调：如果光强和需要值差别很大，或者驱动电源功率值超出了±15%的范围，就要调节灯泡聚焦位置。首先将功率值调到标准值，然后打开最下面一块侧面板，两面有两个旋钮和一根链条，调节链条可以大范围改变输出光强。查看标准电池读数，调节到接近需要的光强，再进行微调（如前面所述）。

如果光调到最强还达不到要求，就需要更换新灯。通过上述方法将光强校准到一个太阳光强。

3. 测试

开启 KEITHLEY 电源和软件，接好样品，设置测试参数（包括电池面积、光强、电压电流范围和测试点数）。

（1）点击"RECIPES"打开测量参数设置。

①可以选择以前保存好的设置，选择"DONE"。

②新建—设置文件。点击"NEW"和编辑"EDIT"设置下列参数：

样品面积 Sample Area（cm^2）

辐照强度 Irradiance（# suns）

前置扫描延时 Pre Sweep Delay（s）：（最小 300ms）

扫描方向 Bias Direction

最大反向偏置电压 Max Reverse Bias（V）

最大正向偏置电压 Max Forward Bias（V）

扫描点数设置 Number of Sweep Pts.（2～1 000）

电压延停时间 Dwell Time（ms）

极限电流 Current Limit（mA）

系统选择 PVIV 10A I‐AMP

（2）保存选好的参数，点击"SAVE"。

（3）选择"DONE"执行当前设置。

（4）输入样品 ID、操作者。

（5）点击"MEASURE"开始测试。

（6）点击"SAVE"保存数据。

测试完成后关闭软件，关闭灯和 KEITHLEY 电源。

切记等氙灯的风扇停止后才能关闭电源，关机 30min 以后才能再开灯。

4．注意事项

粉尘微粒、潮湿和腐蚀性气液对光学器件的影响很大，尤其是高温工作的光学器件。太阳光模拟器必须在清洁的环境中操作，这样可以避免灰尘、颗粒物质和易腐蚀的物品对实验结果的影响。

（1）实验时要戴紫外线防护眼镜和紫外线防护手套。

（2）不要直接观看输出光束，会灼伤视网膜。

（3）不要观看镜面反射的光线。

（4）要有足够的散热空间，不能堵住进出风口。

（5）要注意互锁开关的接触。如果接触不好会出现 ILOC 报警，灯不能被点亮。

（6）测试之前必须用标准电池重新标定光强。稳定时间需要 15～20min。

（7）关灯后必须冷却 30min 以上才能再开灯。

四、问题与思考

（1）太阳能电池伏安特性表现出什么特点？其与一般二极管的伏安特性有何异同？

（2）太阳能电池性能分析中，各参数之间的关系是怎样的？有哪些改善手段？

实验十九　长余辉材料制备

一、实验目的

（1）了解长余辉材料的原理。

（2）掌握高温固相法制备长余辉材料的基本操作流程。

（3）掌握高温烧结炉、压片机等仪器的基本操作。

二、实验原理

长余辉发光是指长余辉材料被高能（可见光、紫外光、X 射线、γ 射线、电子束等）激发，停止激发后仍能够持续发光的现象，发光可持续几秒、几小时甚至几天。长余辉材料在工农业生产、军事、消防、安全标志和日常生活等方面应用广泛。

常用的发光模型如图 19 - 1 所示，当材料尚未被激发时，基态中充满电子，但激发态和陷阱能级是自由倒空的状态。激活剂直接被激发、吸收激发光能之后，基态上的电子就会跃迁到激发态，此时电子可以由激发态返回基态发光。但如果是基质吸收激发光能，电子可以由价带跃迁到导带上，导带中的电子有一部分会被陷阱能级俘获。在激发停止后热扰动的作用下，存储在陷阱能级中的电子逐渐被释放出来，释放出来的电子会跃迁到导带上，再从导带跃迁至激发态，从而产生长余辉发光。我们可以发现余辉时间的长短与陷阱的深度、存储在陷阱中的电子以及电子和空穴的复合概率有关。

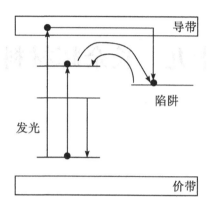

图 19 – 1　长余辉发光模型示意图

三、实验仪器及药品

本实验使用到的仪器有分析天平、玛瑙研钵、合肥科晶材料技术有限公司的 KSL – 1700X – A1 型高温烧结炉、压片机及分光光度计等，制备长余辉材料以（$Y_{0.995}Ce_{0.005}$）$_3Al_{5-x}Ga_xO_{12}$（$x = 2.5$，3，3.5）：0.05% Cr 为例，具体实验可根据实验条件进行调整，该长余辉材料使用的药品如表 19 – 1 所示。

表 19 – 1　实验药品表

药品	厂家	纯度（%）	摩尔质量（g/mol）
$Cr(NO_3)_3 \cdot 9H_2O$	阿拉丁	99.99	400.15
Y_2O_3	阿拉丁	99.99	225.81
Al_2O_3	阿拉丁	99.99	101.95
Ga_2O_3	阿拉丁	99.99	187.44
CeO_2	阿拉丁	99.99	172.11

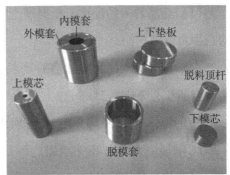

（a）玛瑙研钵　　　　　　　　（b）压片机模具

（c）高温烧结炉　　　　　　　　（d）压片机

图 19-2　实验仪器

四、实验步骤

1. 长余辉材料的制备

制备样品为 $(Y_{0.995}Ce_{0.005})_3Al_{5-x}Ga_xO_{12}$（$x = 2.5$，3，3.5）：0.05% Cr，总质量为 2g（或 3g），具体步骤如下：

（1）药品粉末的配比。根据理论分析，确定各元素的比例，精确计算出对应原料的氧化物。

（2）用分析天平称量出各种药粉，混合于研钵中并加入适量无水酒精，将混合药粉充分研磨 15min 以上。

（3）将研磨好的药粉移入坩埚中，将坩埚放入箱式高温烧结炉，在1 200℃的环境下煅烧 2h（预烧）。

（4）将预烧完成的样品再次研磨均匀后进行压片。

（5）将压好的样品再次放入箱式高温烧结炉，在 1 600℃的环境下煅烧 6h。

2．压片机的使用

（1）清洗模具，并将其烘干。

（2）将内模套放置在下垫板上，将需压片的粉末加至内模套圆孔中。

（3）将上模芯插入内模套中并压紧，将上垫板放在上模芯上。

（4）打开放油阀，转动手轮，使螺旋杆上升，并将模具放在工作台中部。

（5）向下旋转螺杆接近模具顶端，不要拧紧模具。

（6）摇动摇杆 3~4 次后拧紧放油阀。

（7）摇动摇杆，加压到所需的压力，保压一定时间后打开放油阀，取出模具。

（8）模具难取出时可以使用脱模套和脱料顶杆。

制备好的长余辉材料可以通过紫外灯照射观察长余辉效果，或者通过荧光光谱仪进行测试。

3．高温烧结炉的使用

（1）闭合侧面空气开关，顺时针旋开电源控制开关。

（2）设置控温程序：

①基本状态下按"◀"键进入设置状态。温度初始值（C01）通过"▼"

键进行更改。

②按动最左侧的"◯"键依次显示下一项需要设置的程序值，依次设定
T01（运行时间）、C02（在 T01 设定的运行时间要达到的预定温度）、T02
（第二段运行时间）、C03（在 T02 设定的运行时间要达到的预定温度）等，
以 −121 设定最后一个运行时间即为结束程序。

（3）同时按"◀"键和"◯"键退出设定状态，按下绿色"turn on"
键，长按"▼"键开始运行。

注意：在 1 400℃ 以下升温速率低于 10℃/min，高于此温度则升温速率低
于 5℃/min。

五、问题与思考

（1）在药品研磨过程中，如何保证药品混合得足够充分？

（2）请说明长余辉材料与荧光粉材料在发光机理上的相同点和不同点。

附图

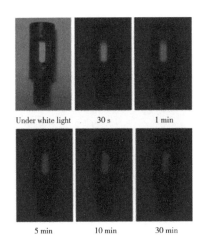

图 19−3　长余辉效果图

本实验参考文献

ZHANG Y, HUANG R, LI H, et al. Germanium substitution endowing Cr³⁺-doped zinc aluminate phosphors with bright and super-long near-infrared persistent luminescence [J]. Acta materialia, 2018 (155).